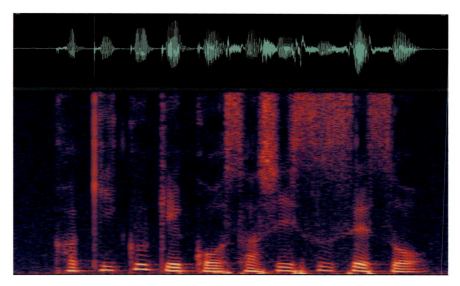

口絵 1　波形（上）とスペクトログラム（下）のプロット（p.31, 図 2.9）

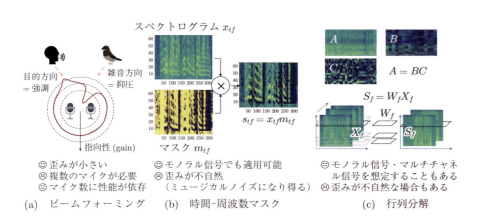

口絵 2　基本的な分離方式（p.72, 図 3.4）

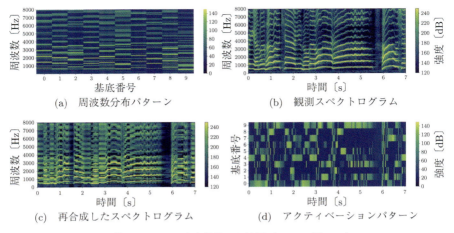

(a) 周波数分布パターン
(b) 観測スペクトログラム
(c) 再合成したスペクトログラム
(d) アクティベーションパターン

口絵 3　NMF の音声信号への適用（p.116, 図 3.14）

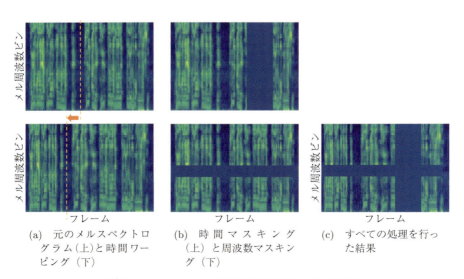

(a) 元のメルスペクトログラム（上）と時間ワーピング（下）
(b) 時間マスキング（上）と周波数マスキング（下）
(c) すべての処理を行った結果

口絵 4　SpecAugment における各処理（p.190, 図 5.2）

メディアテクノロジーシリーズ **9**

音源分離・音声認識

大淵康成
【編】

武田　龍・高島遼一
【共著】

コロナ社

メディアテクノロジーシリーズ 編集委員会

編集委員長 近藤　邦雄（元東京工科大学，工学博士）

編 集 幹 事 伊藤　貴之（お茶の水女子大学，博士（工学））

編 集 委 員 五十嵐悠紀（お茶の水女子大学，博士（工学））
（五十音順）

稲見　昌彦（東京大学，博士（工学））

牛尼　剛聡（九州大学，博士（工学））

大淵　康成（東京工科大学，博士（情報理工学））

竹島由里子（東京工科大学，博士（理学））

鳴海　拓志（東京大学，博士（工学））

馬場　哲晃（東京都立大学，博士（芸術工学））

日浦　慎作（兵庫県立大学，博士（工学））

松村誠一郎（東京工科大学，博士（学際情報学））

三谷　　純（筑波大学，博士（工学））

三宅陽一郎（株式会社スクウェア・エニックス，博士（工学））

宮下　芳明（明治大学，博士（知識科学））

（2023 年 5 月現在）

編者・執筆者一覧

編　　　者 大淵　康成

執 筆 者 武田　　龍（1，2，3 章，5.2，5.3 節）
（執筆順）
高島　遼一（1，4 章，5.1，5.3 節）

刊行のことば

"Media Technology as an Extension of the Human Body and the Intelligence"

「メディアはメッセージである（The medium is the message）」というマクルーハン（Marshall McLuhan）の言葉は，多くの人々によって引用される大変有名な言葉である。情報科学や情報工学が発展し，メディア学が提唱されたことでメディアの重要性が認識されてきた。このような中で，マクルーハンのこの言葉は，つねに議論され，メディア学のあるべき姿を求めてきたといえる。

人間の知的コミュニケーションを助けることができるメディアは生きていくうえで欠かせない。このようなメディアは人と人との関係をより良くし，視野を広げ，新しい考え方に目を向けるきっかけを与えてくれる。

また，マクルーハンは「メディアはマッサージである（The medium is the massage）」ともいっている。マッサージは疲れた体をもみほぐし，心もリラックスさせるが，メディアは凝り固まった頭にさまざまな情報を与え，考え方を広げる可能性があるため，マッサージという言葉はメディアの特徴を表しているともいえるだろう。

さらにマクルーハンは "人間の身体を拡張するテクノロジー" としてメディアをとらえ，人間の感覚や身体的な能力を変化させ，社会との関わりについて述べている。現在，メディアは社会，生活のあらゆる場面に存在し，五感を通してさまざまな刺激を与え，多くの技術が社会生活を豊かにしている。つまり，この身体拡張に加え，人工知能技術の発展によって "知能拡張" がメディアテクノロジーの重要な役割を持つと考えられる。このために物理的な身体と情報や知識を扱う知能を融合した "人間の身体と知能を拡張するメディアテクノロジー" を提案・開発し，これらの技術を活用して社会の構造や仕組みを変革し，

ii　刊 行 の こ と ば

どのような人にとっても住みやすく，生活しやすい社会を目指すことが望まれている。

　一方，大学におけるメディア学の教育は，東京工科大学が 1999 年にメディア学部を設置して以来，全国の大学でメディア関連の学部や学科が設置され文理芸分野を融合した多様な教育内容が提供されている。その体系化が期待されメディア学に関する教科書としてコロナ社から「メディア学大系」が発刊された。この第一巻の『改訂メディア学入門』には，メディアの基本モデルの構成として「情報の送り手，伝達対象となる情報の内容（コンテンツ），伝達媒体となる情報の形式（コンテナ），伝達形式としての情報の提示手段（コンベア），情報の受け手」と書かれている。これからわかるようにメディアの基本モデルには文理芸に関連する多様な内容が含まれている。

　メディア教育が本格的に開始され 20 年を過ぎるいま，多くの分野でメディア学のより高度で急速な展開が見られる。文理芸の融合による総合知によって人間生活や社会を理解し，より良い社会を築くことが必要である。

　そこで，このメディア分野の研究に関わる大学生，大学院生，さらには社会人の学修のため「メディアテクノロジーシリーズ」を計画した。本シリーズは“人間の身体と知能を拡張するメディアテクノロジー”を基礎として，コンテンツ，コンテナ，コンベアに関する技術を扱う。そして各分野における基本的なメディア技術，最近の研究内容の位置づけや今後の展開，この分野の研究をするために必要な手法や技術を概観できるようにまとめた。本シリーズがメディア学で扱う対象や領域を発展させ，将来の社会や生活において必要なメディアテクノロジーの活用方法を見出す手助けとなることを期待する。

　本シリーズの多様で広範囲なメディア学分野をカバーするために，電子情報通信学会，情報処理学会，人工知能学会，日本ソフトウェア科学会，日本バーチャルリアリティ学会，ヒューマンインタフェース学会，日本データベース学会，映像情報メディア学会，可視化情報学会，画像電子学会，日本音響学会，芸術科学会，日本図学会，日本デジタルゲーム学会，ADADA Japan などにおいて第一線で活躍している研究者の方々に編集委員をお願いし，各巻の執筆者選

刊行のことば　　iii

定，目次構成，執筆内容など検討を重ねてきた。

　本シリーズの読者が，新たなメディア分野を開拓する技術者，クリエイター，研究者となり，新たなメディア社会の構築のために活躍されることを期待するとともにメディアテクノロジーの発展によって世界の人達との交流が進み相互理解が促進され，平和な世界へ貢献できることを願っている。

2023 年 5 月

編集委員長　　近藤邦雄

編集幹事　　伊藤貴之

表紙・カバーデザインについて

　私たちは五感というメディアを介して世界を知覚し，自己の存在を認知することができます。メディア技術の進歩によって五感が拡張され続ける中，「人」はなにをもって「人」と呼べるのか，そんな根源的な問いに対する議論が絶えません。

　本書の表紙・カバーデザインでは，二値化された五感が新しい機能や価値を再構築する様子をシンプルなストライプ柄によって表現しました。それぞれのストライプは 5 本のゆらぎを持った線によって描かれており，手描きのような印象を残しました。

　しかし，この細かなゆらぎもプログラム制御によって生成されており，十分に細かく量子化された表現によって「ディジタル」と「アナログ」それぞれの存在がゆらぐ様子を表しています。乱雑に描かれたストライプをよく観察してみてください。本書を手に取った皆さんであれば，きっともう一つ面白いことに気づくでしょう。

　デザインを検討するにあたって，同じコンセプトに基づき，いくつかのグラフィックパターンを生成可能なウェブアプリケーションを準備しました。下記 URL にて公開していますので，あなただけのカバーを作ってみてください。読者の数だけカバーデザインが存在するのです。世界はあなたの五感を通じて存在しているのですから。

馬場哲晃

〈Cover Generator〉ぜひお試しください
https://tetsuakibaba.github.io/mtcg/
（2023 年 5 月現在）

まえがき

　人間は，二つの耳に入ってきた音を聞き分け，大事な音だけに注意を向け，そしてそれが人間の声であるなら，話している内容を理解することができる。聞き分けるのはおもに耳の仕事であり，理解するのは脳の仕事であるが，実際には両者はたがいに助け合いながら働いている。本書では，おもに前者の聞き分けの部分を音源分離と呼び，後者の理解の部分を音声認識と呼ぶ。その両者を，人間ではなくコンピュータが実現することを念頭に，最新の研究成果を紹介しつつ，活用のノウハウを伝えていくことが本書の目的である。

　音源分離や音声認識の研究の歴史は長く，研究者間の交流も活発に行われてきた。世界の中でも日本の研究コミュニティの存在感が高かったこともあり，日本語で書かれた優れた教科書が数多く出版されてきた。この分野の研究者に聞いてみれば，若い頃の自分を支えてくれた教科書というのがきっとあるだろう。一方，ここ10年ほどの深層学習の急速な発展に伴い，それまでの常識とは異なる手法がつぎつぎと生まれてきた。これからこの分野に挑んでいこうという人には，この時代ならではの新しい教科書が求められているに違いない。

　音源分離や音声認識の分野は，アルゴリズムの実装に高度な専門的知識が必要とされるため，他分野の研究者には近寄りがたく見えていた感も否めない。しかし，技術の進歩による性能向上と，インターネットを通じた研究成果の共有文化の広がりにより，状況は大きく変わりつつある。スマートフォンのアプリを作ろうとする人が，インターネットで見つけたライブラリとサンプルプログラムを見ながら，音源分離や音声認識のシステムを実装してしまうような社会が実現しつつある。そんな中で，狭義の音声研究者ではなく，関連分野の多様な研究者に向けた参考書を作りたいという思いから，本書の執筆を企画するに至った。

1章は，本書で扱う技術の位置付けと，本書の構成を示したものである。本書を手に取って購入を迷っている人は，まずは第1章を見て考えてみてほしい。

　2章では，音声の信号処理の基本となる知識に加えて，機械学習の基礎的な部分を概説する。3章，4章へ進む前に，これらの内容をしっかりと把握しておいてほしい。

　3章は，音源分離に関わる章である。参照信号の有無や使えるマイクの数，分離後の音声の使用目的などにより，最適な手法が変わってくるのが音源分離の特徴だが，本章を読めば，自分の目的に合致した方式を見つけることができるはずである。

　4章は，音声認識に関わる章である。音声認識に用いるモデルの学習には大量のデータが必要で，多くの人は学習済みのモデルを利用することになるが，そのモデルがどのように作られているのかを知ることにより，自分の環境にチューニングすることが容易になるであろう。

　5章では，音源分離と音声認識の両方にまたがる技術を紹介する。3章の続きとして読んでも，4章の続きとして読んでも，あるいは3章と4章の総合的なまとめとして読んでも有益となる内容が含まれている。

　本書は，1，4，5章をおもに高島が，2，3章をおもに武田が担当したが，1，2，5章については両分野で重なるところもあり，議論を重ねて内容をまとめていった。3章と4章は並列した内容であり，どちらかだけを読んでも理解できるようになっている。本書が，さまざまな分野で音声技術の活用を目指す科学者・工学者の一助となれば幸いである。

2024年9月

編者　大淵康成

1　本書の書籍詳細ページ（https://www.coronasha.co.jp/np/isbn/9784339013795/）からカラー図面などの補足情報がダウンロードできます。

2　本書で使用している会社名，製品名は一般に各社の登録商標です。本書では®やTMは省略しています。

3　本書で紹介しているURLは2024年9月現在のものです。

目　　　　次

第 1 章
序論：音源分離・音声認識へのいざない

1.1　音源分離・音声認識とは 1

1.2　本書でカバーする状況 5

1.3　本 書 の 構 成 7

第 2 章
音声信号処理の基本

2.1　データ表現と音源分離・音声認識の入出力 9

  2.1.1　音響信号データとは　　10

  2.1.2　テキストデータとは　　12

  2.1.3　音源分離や音声認識とは　　14

2.2　機械学習技術を用いたアプローチ 16

  2.2.1　機 械 学 習 と は　　16

  2.2.2　学習・推論フェーズとポイント　　21

  2.2.3　音源分離や音声認識にどう適用するか　　28

  2.2.4　データへの適応：モデルのチューニングや
       学習・推論の同時実行　　29

2.3　音声信号の伝達モデルと基本的な分析・特徴量 30

  2.3.1　時間波形と時間周波数成分の可視化　　31

  2.3.2　信号源からマイクへの伝達過程と特徴量　　33

  2.3.3　音声信号の生成過程と特徴量　　36

2.4 ディープニューラルネットワークとは 41

2.4.1 ネットワークの構造　*42*

2.4.2 ネットワークの学習　*47*

2.5 データの準備・生成 51

2.5.1 実　収　録　*52*

2.5.2 伝達系の再現　*54*

2.5.3 音源データ　*55*

第 **3** 章

音源分離：音を聞き分ける

3.1 音の聞き分け処理の概要 58

3.1.1 応用する際の事前検討　*58*

3.1.2 おもなタスク設定　*60*

3.1.3 音源分離で用いられるおもな評価尺度　*63*

3.2 基本的な枠組みと技術 66

3.2.1 基本的な処理領域やフロー　*67*

3.2.2 基本的な分離方式　*71*

3.2.3 ディープニューラルネットワークに基づく音源分離　*76*

3.3 参照信号を用いる音源分離：適応フィルタ 79

3.3.1 基本的な観測モデル　*80*

3.3.2 最　小　二　乗　法　*81*

3.3.3 LMS, NLMS および RLS　*82*

3.3.4 ディープニューラルネットワークを併用した手法　*84*

3.4 モノラル信号に対する音源分離 86

3.4.1 非負値行列分解　*86*

3.4.2 DeMask　*88*

3.4.3 ConvTasNet　*89*

3.4.4 SepFormer　*91*

3.5 マルチチャネル信号に対する音源分離 92

3.5.1 ビームフォーマ　*93*

3.5.2 ブラインド音源分離：ICA, IVA, ILRMA, fastMNMF　*95*

3.5.3 ディープニューラルネットワークを併用した手法　*102*

3.6 音源分離技術の実装例 104

3.6.1 エコーキャンセラ：システム音声の除去　*104*

3.6.2 音声強調：音声・非音声雑音から音声の抽出　*107*

3.6.3 音源分離：すべての信号を抽出　*110*

3.6.4 音楽音響信号分析　*114*

3.6.5 事前学習や fine-tuning　*118*

3.7 その他のトピック 123

3.7.1 Recursive Souce Seapration　*123*

3.7.2 Mixture Invariant Training　*125*

3.7.3 Location-based Training　*126*

3.7.4 Target Sound Extraction　*127*

3.8 本章のまとめ 129

第 **4** 章

音声認識：発話内容を認識する

4.1 音声認識の基礎知識 131

4.2 DNN と HMM による音声認識 134

4.2.1 音響モデルの確率計算とアライメントについて　*134*

4.2.2 隠れマルコフモデル　*137*

4.2.3 DNN-HMM ハイブリッドモデル　*142*

4.2.4 辞書および言語モデルを用いた連続音声認識　*145*

4.3 End-to-End 音声認識 149

4.3.1 End-to-End 音声認識における認識単位の定義　*149*

4.3.2 Connectionist temporal classification　*151*

目　　　次　　ix

4.3.3　RNN トランスデューサ　　*155*

4.3.4　Attention エンコーダ・デコーダモデル　　*157*

4.3.5　Transformer　　*161*

4.3.6　Conformer　　*166*

4.4　End-to-End 音声認識ツール ESPNet　　169

4.4.1　ツールの導入と使用方法　　*169*

4.4.2　CTC とエンコーダ・デコーダ型モデルとの
マルチタスク学習　　*173*

4.4.3　評価結果の見方と評価指標　　*174*

4.5　事前学習済みモデル　　176

4.5.1　自己教師あり学習　　*176*

4.5.2　Whisper　　*183*

4.6　本章のまとめ　　185

第 **5** 章

音源分離と音声認識にまたがる技術

5.1　デ ー タ 拡 張　　187

5.1.1　波 形 の 伸 縮　　*188*

5.1.2　雑音重畳とインパルス応答の畳み込み　　*189*

5.1.3　SpecAugment　　*190*

5.2　ダイアリゼーション　　192

5.2.1　モジュールベース構成　　*194*

5.2.2　End-to-End 構成　　*197*

5.2.3　音源分離とダイアリゼーションの統合　　*198*

5.2.4　音声認識とダイアリゼーションの統合　　*199*

5.3　音声認識と音源分離の統合　　201

5.3.1　モデルミスマッチ問題　　*201*

5.3.2　全体最適化によるアプローチ　　*202*

引用・参考文献 ·· 204

索　　　引 ··· 219

第 **1** 章

序論：音源分離・音声認識へのいざない

　近年，さまざまな「AI」が発展し，また，簡単に利用できる存在になっ
てきている。Web の情報を頼りに，生成 AI の ChatGPT を利用した読者
もいることであろう。音声と生成 AI をつなげたい，いろいろな音を AI に
処理させたい，とアイディアを膨らませることは自然な流れである。本書
ではそのような応用におけるフロントエンドとなる**音声認識**と**音源分離**に
ついて取り上げる。音声認識や音源分離が「どういった技術」で「なにが
できるのか」を知ることは，AI 技術を使いこなす上で重要な一歩である。
それでは，二つの技術の歴史的背景を交えながら説明していこう。

1.1　音源分離・音声認識とは

　最近では人がパソコンやスマートデバイスなどの機器に向かって話しかける
場面がしばしば見かけられる。このとき機器に話しかけている人は，機器を通
じて他人と話をしているケースと，機器自体に質問や命令などをしているケー
スに大別されるだろう。具体的なアプリケーションの例として，前者ではテ
レビ電話や Web 会議システム，後者では AI スピーカなどの音声操作が挙げ
られる。これらのアプリケーションが広く浸透した要因として，通信技術の発
展，スタンドアロン型からネットワーク型への製品形態変化による性能アップ
デートの容易化，スマートデバイスの普及や新型コロナウイルス感染拡大によ
るリモートワークの推進といった社会的背景などさまざまに挙げられるが，音
声処理技術の発展によるユーザビリティの向上という点も大きい。

　例えば AI スピーカの音声操作では，ユーザは AI スピーカに向かって「音

2   1.　序論：音源分離・音声認識へのいざない

楽を再生してほしい」や「照明をつけて」といった命令をすることで，手を使わずに音楽・動画の再生や家電操作が行える。このようなことをするためには，AI スピーカは入力されたユーザ音声を分析し，「なんといったのか」を理解する必要がある。このように，入力音声から発話内容を理解する技術のことを**音声認識** (speech recognition) と呼ぶ。

　音声認識技術の歴史は長く，1960 年以前から基礎的な研究が行われてきた。1980 年頃から統計モデルに基づく音声認識手法が発展し，**混合正規分布**（Gaussian mixture model; **GMM**）と**隠れマルコフモデル**（hidden Markov model; **HMM**）と呼ばれる統計モデルが代表的手法として長らく研究されていた。GMM-HMM により不特定多数の話者の音声を認識可能となったことで，音声認識が本格的に製品に搭載されだした。しかし GMM-HMM では表現できる音声のバリエーションに限界があったため，しだいに音声認識性能は頭打ちになりつつあった。2010 年頃から**ディープニューラルネットワーク**（deep neural network; **DNN**）の研究が急速に発展し，混合正規分布を DNN に置き換えたモデル（DNN-HMM）が登場した。DNN-HMM は GMM-HMM の音声認識性能を大幅に向上させ，音声認識技術の世間への浸透に大きく貢献した。近年では，音声認識モデルをすべてニューラルネットワークで表現することで，システム全体のシンプル化と最適化を行う End-to-End モデルが活発に研究されている。

　大量の音声データを用いて学習した DNN ベースの音声認識モデルは，人間の聞き取り能力を上回る音声認識率を示すことが報告されているが，これはあくまでマイクを口元に近づけて話した，比較的理想的な環境における音声認識性能である。しかし AI スピーカの利用シーンのように，マイクが口元から離れた位置にある場合，他人の声やテレビの音のような雑音の影響が相対的に強くなるため，本来であれば音声認識性能は著しく低下する。このような状況であっても安定して音声認識を行うためには，ユーザの発話とそれ以外の雑音を分けて，ユーザ発話のみを認識する必要がある。またテレビ電話や Web 会議システムのような音声認識を用いない音声コミュニケーションツールに

1.1 音源分離・音声認識とは 3

おいても，可能な限り雑音は抑圧して話し相手の音声のみを聞けることが望ましい。以上のようなことを実現するために，複数の音が混ざってマイクに入力された信号から，元の音声に分離する技術のことを**音源分離** (sound source separation) と呼ぶ。

音源分離技術の歴史も長いが，近年は統計モデルや深層学習に基づく手法が主流となっている。音源分離に用いるマイク数という観点からは，複数のマイクが必要な手法と単一のマイクで実装可能な手法に大別される。前者では，マイク位置や話者方向といった事前情報が必要なビームフォーマ[1]†や，それらの情報が不要なブラインド音源分離技術（独立成分分析など）[2] がある。これらでは，音源特性や音源とマイク間の空間的特性のモデル化が性能を左右するという特徴がある。後者には，非負値行列分解や時間周波数マスクといった手法がある。これらは，事前学習を必要としたり，複数マイクを用いる手法と比べて音声歪みが大きいという特徴がある。近年はディープニューラルネットワークの導入が進み，両者の分離性能を高精度化する研究が主流となっている。例えば，ディープニューラルネットワークで大量の音声データから「音声らしさ」を事前に学習させておけば，音源特性の高精度なモデル化や音声歪みの低減が可能となることは想像できるであろう。音声認識研究では大量の音声データを学習に用いるため，音源分離でも活用することは自然である。

UI 上に認識結果が表示されたり，命令したとおりに機器操作されることから音声認識の存在はユーザにとって意識されやすいのに比べ，音源分離は前処理的な使い方をされるケースが多いことから，その存在はユーザにとって認識されにくい。しかし雑音が大きい環境で通話や音声操作を行う場面においてその重要性は高く，実際に音源分離を使うことを目的として複数マイクを搭載している製品は多く存在する。

近年は音声処理手法のソースコードが GitHub でたくさん公開されており，また Web 上でダウンロード可能な公開音声データも増えているため，最新の音源分離・音声認識技術を体験するためのハードルは比較的下がっていると

---

† 肩付きの番号は巻末の引用・参考文献を示す。

4   1. 序論：音源分離・音声認識へのいざない

いえる。とはいえ音声処理の初学者にとっては，公開ソースコードを動作させるだけでも一苦労であるし，ましてやソースコードの中身を理解しようとすると，多くの論文や書籍を読んで音声処理技術について勉強する，すなわち長い下準備が必要となる。そこで本書では，音源分離・音声認識技術を体験するための下準備をできるだけ短縮し，手っ取り早く上記のようなソースコードやデータを扱えることを目的として，各技術の解説に加えてツールやデータセットの紹介をする。

音源分離・音声認識技術を読者の手元で実行するための環境について説明する。深層学習に基づく音源分離手法や音声認識を行う場合，CPU では計算時間がかかりすぎてしまうため，GPU を使用できる環境が必要である。GPUが備わった PC がない場合は，Google Colaboratory などの仮想環境サービスを使用することで，一部の深層学習手法を体験することが可能である。また本書で紹介するツールの一部は Linux OS の環境を想定しているため，他の OSで動作させるためには事前準備が必要な場合がある。そのため，Linux OS を使用されることを推奨する。

本書ではモデルを学習するための公開データセットをいくつか紹介するが，データセットによってその規模は 10 時間程度 〜 1 万時間以上とさまざまである。音声認識の場合，10 時間程度の音声データであれば GPU マシンで数時間程度で学習が行えるため，学習の流れを確認する程度の目的には適している。一方音声認識の研究では，数十 〜 数百時間規模の音声データを使用することが一般に多く，この場合学習には一般的な GPU マシンでも数日を要する。さらに，製品を含めトップレベルの音声認識性能を求める場合は数千 〜 数万時間規模の音声データが必要となるが，これらの大規模データを用いてモデルを一から学習しようとするとかなりの日数を要し，また複数のGPU を持つサーバ環境が必要な場合もありハードルが高い。しかし，大規模データで学習済みのモデルもいくつか公開されているため，これらを利用することで認識処理やモデルのチューニングが可能である。以上を踏まえて，読者の目的に応じて使用データや実行環境を選んでもらいたい。

1.2 本書でカバーする状況

音源分離および音声認識を用いるシステム例を図 1.1 に示す。例では，音源分離を音声認識の前処理として利用する（図中上のフロー）ケースと，音源分離した音声をそのまま対話相手へ送信するケース（図中下のフロー）を示している。音声認識においては，家庭内であってもテレビや生活音などが雑音となり，また屋外では車の走行音や他人の声などが雑音となるため，音声認識が困難となるケースが多い。また，Web 会議システムなどを使って通話をする際は，周囲の人の声や，パソコンのタイピング音などが雑音となり，通話する相手にとって耳障りになるケースも多い。そのため，前者のケースにおいては音源分離と音声認識の併用，後者のケースでは音源分離単体を用いて雑音を除去することが求められる。これらは AI スピーカなど実際の製品にも搭載されている機能である。具体的なアプリケーション例を以下に示す。

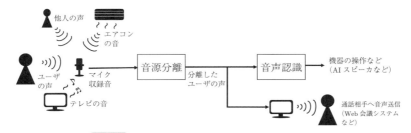

図 1.1 音源分離・音声認識を用いたシステム例

1. 音源分離・音声認識を両方使用するアプリケーション

    (a) AI スピーカ　　AI スピーカはユーザが遠く離れた位置から発話することが多いため，雑音抑圧の重要性が高い。円状に配置した複数マイクを用いることで，ユーザの方向を特定し，かつその方向の音声を分離した上で音声認識する。

    (b) 対話ロボット　　対話ロボットも比較的ユーザが離れて発話され

る。また，接客用のロボットであれば雑音の多い環境での利用も想定される。AI スピーカと同様に，ユーザ方向の特定と分離が利用可能。

(c) 音声翻訳　　スマートデバイスに搭載されている音声翻訳であれば，ユーザはマイクに口元を近づけて話すことが可能。しかし公共交通機関やショッピングセンターのような雑音の多い環境では分離が求められる。

(d) 議事録作成　　会議において，各出席者の音声を認識して議事録を作成する。雑音抑圧目的だけでなく，各話者の音声を分離する必要がある。

2. 音源分離のみ使用するアプリケーション

(a) Web 会議システム　　テレビ電話や Web 会議システムでは，ユーザはカメラやディスプレイの正面に位置していることが想定される。そのため，マイクロホンアレーを用いて正面に指向性を形成することで，他の方向から到来する雑音を抑圧することが可能。

(b) 音声収録　　例えばビデオカメラなどで動画を撮る際など，被写体の音声を強調して収録したいケースがある。複数マイクが搭載されているビデオカメラでは，カメラの正面に指向性を形成することが可能。

(c) 音楽音響信号の分離　　モノラルの音楽音響信号から各楽器やボーカル音声を分離したいケースがある。楽器音の時間周波数成分や楽譜の情報をもとに，それぞれの信号へ分離することが可能。

3. 音源分離において本書で想定する状況

(a) 利用マイク　　モノラル 〜 マルチチャネル（マイクアレー）を想定。マイクアレーの場合，手法によりマイク間の相対座標が既知である必要がある。

(b) 音源数　　多くても 3 音源程度を想定。それ以上の音源数では，期待されるような分離性能を出すことは基本的に難しい。

(c) 音源の性質や位置　多くは移動しない点音源を想定。移動音源が存在すると各手法の分離性能は劣化する。

(d) 残　響　人が聞いて，明らかに響いていない程度を想定。お風呂場やコンクリート部屋のような強い残響は想定していない。強い残響を含むデータに対しては分離性能が大幅に劣化する。

(e) 処理方式　オフラインのバッチ型を想定することが多いが，エコーキャンセラなどの一部の技術はリアルタイム処理を想定している。

　もちろん，上記以外の状況，例えば，多数の音源，移動音源や残響，リアルタイム処理へ対応する研究や手法はあるが，本書では取り上げていない。

1.3　本書の構成

　本書では，音声処理の初学者が手っ取り早く音源分離・音声認識を体験できるようになることをおもな目的としている。そのため，特に近年の実用的および活発に研究されている技術に焦点を当て，直感的に理解できるよう解説する。また，解説した手法を体験するためのツールや音声データセットについても紹介する。

　2章では，音源分離と音声認識に共通する事前知識として，音声処理の基本について解説する。ここでは，音源分離や音声認識システムの入出力の定義や，フーリエ変換などの音声分析の方法，また機械学習理論の基本についておもに解説する。

　3章では，音源分離技術について解説する。音源分離といっても，その前提条件によって，いくつかの問題に分類できる。本書では，参照信号を分離するエコーキャンセラ，マイク一つで信号を分離するモノラル音源分離，複数のマイクを用いて分離するマルチチャネル音源分離技術を取り上げる。まず，各問題設定（入力・出力）や前提（マイクの数），利用可能な情報（参照信号

8   1. 序論：音源分離・音声認識へのいざない

の有無）を整理する。つぎに，それぞれについて，基本的な技術からディープニューラルネットワークを用いた技術を説明していく。特に，Pyroomacoustics，Asteroid，Speechbrain といった整備された Python ライブラリに実装されている手法を中心に取り上げる。例えば，エコーキャンセラであれば **LMS**（least mean square）アルゴリズム，マルチチャネル音源分離であれば独立成分分析（ICA）から始まり，ディープニューラルネットワークを用いて事前学習を積極的に活用した ConvTasNet や Sepformer といった技術を取り上げる。ここでは，アルゴリズムの導出や細かいネットワーク構造よりも，手法の概略や実用的に使うための解説に重点を置く。さらに，ライブラリを用いた各手法の適用例や，事前学習や Fine-tuning の具体例を示すことで，自身の環境やデータを用いて動作させることを狙う。最後に，より発展的に音源分離を行うための興味深い取り組み，例えば，ディープニューラルネットワークに基づく音源分離のロス関数や目的音抽出技術（target sound extraction）に関する話題に触れて，音源分離を締めくくる。

4章では，音声認識技術について解説する。前述のとおり音声認識は古くから研究されてきた技術で，多くの手法が提案されてきたが，本書では特に深層学習を利用した手法として，DNN-HMM と End-to-End モデルに焦点を当てて解説する。DNN-HMM は深層学習を利用した技術の走りであり，DNN による音響モデル，辞書，言語モデルの3モジュールで構成される。各モジュールを独立にチューニングできることから，特定ドメインへの適応といった柔軟性が高く，製品にもしばしば利用されている。End-to-End モデルは上記の3モジュールを一つのニューラルネットワークで定義したモデルであり，システムがシンプルになり，かつ全体最適化により DNN-HMM 以上の音声認識精度が期待できることから，近年活発に研究されているモデルである。また，End-to-End モデルを動かすツールとして ESPNet を紹介する。

5章では，音源分離と音声認識両方にまたがる技術として，データ拡張技術やダイアリゼーション技術，また音源分離と音声認識を組み合わせた研究について紹介する。

第 **2** 章

音声信号処理の基本

　本章では，音源分離・音声認識技術の理解や実装に必要な基本事項を説明する。具体的には，計算機内部でのデータ表現，入力や出力，機械学習やディープニューラルネットワークの基本事項などである。専門性の高い詳細な内容は扱わず，応用の際の注意点に関連した内容に絞り，具体例を交えて説明する。というのは，本章では実際の手法をスムーズに活用できるようになることや，各自の目的のためにデバッグやコードの変更ができるようになることを目的とするからである。特に，公開されているソースコードを部分的に自分の研究等で活用したい場合，どこになにが書いてあるかという概要をまず理解する必要がある。そのときに，機械学習の大枠や処理の手続きの流れが理解できていれば，その知識と対応付けてコードを理解できるであろう。そのつぎに，自身が実現したい変更や処理などを実装することになる。

2.1　データ表現と音源分離・音声認識の入出力

　本節では，計算機内部での音のデータ表現と，音声信号処理における基本的な分析方法を説明する。計算機内での具体的な表現を理解すると，定式化やアルゴリズムの数学的な記述と実際のサンプルソースコードとの対応関係もつかみやすくなる。なお，添え字を持つ数学的な変数と対応するデータ構造としての配列が登場する。変数の添え字と配列のインデックスは，その順番や値の範囲などが説明の文脈に応じて変わる点は注意されたい。

10   2. 音声信号処理の基本

2.1.1 音響信号データとは

われわれは普段からスマートフォンなどで音楽や動画を再生し，その音を聞くことは多い。また，それらの音がマイクを用いて収録されていることもご存じであろう。タブレットやパソコンでも，音声，音楽や動画ファイルを再生することは簡単である。収録された音の情報が音声ファイルとして記録されており，計算機がそのデータに基づいて音を再現しているのである。では，そのファイルの中身はいったいなんなのだろうか。

ここでは一つのマイク（モノラルチャネル）で録音した音声ファイルに記録されているデータの中身を取り上げよう。中身は大量の数値が並んでおり，いわゆる「配列」というデータ構造で音響信号が記録されている。例えば，wav形式で記録された音ファイルを Python プログラムで読み込むと，つぎのようなデータが得られる。

```
x = [0, -3, 58, -38, 44, -10, 573, -125] # 本当はもっと長い
# x[0] の値は 0, x[2] の値は 58.
```

本当に数値の列が並んでおり，データが 1 次元配列であることが理解できるであろう。数学的にはベクトルで表現される。本書では，先頭から t ($t \geqq 1$) 番目の値を x_t で表すことが多い。例えば，上記のデータの場合，$x_3 = 58$ である。

実際は，マイクで録音した信号をこのようなデータ形式に変換するまでに，**標本化/サンプリング**（sampling）と**量子化**（quantization）という二つのステップが存在している。その全体像を**図 2.1** に示す。これらは，基本的に離散的な値しか扱えない計算機に必要な処理であり，通常録音する前に決定すべきパラメータを含んでいる。サンプリングは，連続時間上の音響信号から一定の時間間隔でその振幅値を保存する操作である。その間隔をサンプリング周波数と呼び，音データを処理する際に必ず確認すべきパラメータでもある。これが 1 次元の配列形式で音響信号が保存されている理由である。量子化は，連続的な値（無限の精度）を取り得る信号の振幅値を，離散的な値（有

2.1 データ表現と音源分離・音声認識の入出力

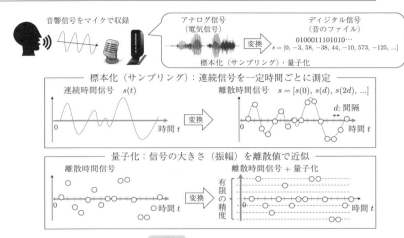

図 2.1 音響信号データ

限の精度）で近似する処理である。離散的な値の表現にはさまざまな種類があり，16 ビットの整数形式であったり，24 ビットの浮動小数点形式であったりする。これも音データを変数へ読み込む際に，必ず確認すべきパラメータでもある。なお，この両者の数理的な詳細は信号処理の専門書を参考されたい。

最後に，複数のマイク（**マルチチャネル**）で収録された音データの中身を取り上げよう。複数マイクの分だけデータが増えているだろうと予想できるが，まさにそのとおりである。具体的に，wav 形式で記録された 2 チャネル（ステレオ）データを読み込むと，つぎのようなデータが得られる。

```
x = [[0, -3], [1, 2], [-1, 5]] # 本当はもっと長い
# 一つ内側の要素 [0, -3], [1,2], [-1, 5] などは
# 各時刻のステレオ信号の値である．また，x[0] の値は [0, -3].
# x[0,0] の値は 0, x[2,1] の値は 5.
```

今回は 2 次元配列（配列の入れ子）になっていることが理解できる。数学的には行列で表現される。本書では，$c\ (\geqq 1)$ 番目のマイクで収録されたデータの先頭から $t\ (\geqq 1)$ 番目の値を $x_{c,t}$ で表すことが多い。例えば，上記のデータの場合，$x_{2,3} = 5$ である。

2.1.2 テキストデータとは

われわれは普段からスマートフォンなどで，メールやチャット，Web ページなどでディスプレイに表示された文字を読むことは多い。また，文字がキーボードで入力できることもご存じであろう。入力された文字の情報がテキストファイルとして記録されており，計算機がそのデータに基づいてディスプレイに文字を表示しているのである（図 2.2）。では，そのファイルの中身はいったいなんなのだろうか？

図 2.2　テキストデータ

ここではテキストエディタ（メモ帳など）で保存したテキストファイルに記録されているデータの中身を取り上げよう。中身は大量の数値が並んでおり，いわゆる「配列」というデータ構造で文字情報が記録されている。例えば，Python プログラムで，いわゆる文字列 "あいうえお" の中身を表示すると，つぎのような表示が得られる。

```
for x in list('あいうえお'):
    print(ord(x))   # 12354, 12356, 12358, 13360, 12362
c = [12354, 12356, 12358, 12360, 12362]  # 'あいうえお'と等価
```

Python では「文字列」変数が定義されているため，ここではあえて 1 文字ずつに分解している[†]。日本語の「あいうえお」という文字列は，五つの整数値を含む配列と等価であることが理解できよう。例えば，「あ」は 12354 という数値で表されている。各文字がどういう値と対応付けられているかは，デー

---

† C 言語などでは char 型の配列で読み込む。

2.1 データ表現と音源分離・音声認識の入出力　　*13*

タ保存時の文字コード依存である点に注意が必要である[†1]。本書では，文字配列の l ($\geqq 0$) 番目の値を c_l のように表すことが多い。c は character の c である。

　データ処理の観点では，文字コードのような対応付けのルールの下で，文字以外の単位でテキストデータを表現することもある。音声認識や自然言語処理では，単語単位で数値を割り当てることもある。例えば，This = 0, is = 1, a = 2, pen = 3 と対応付けるというルールにおいて，英語の文「This is a pen」は $[0, 1, 2, 3]$ という数値配列で表される。このようなルールは「辞書」や「コードブック」であるともいえる。文字配列と同様，単語配列の l ($\geqq 0$) 番目の値を w_l のように表すことが多い。w は word の w である。単語単位以外にも，機械学習によって分割した単位（sentence-piece など）も存在する。センサデータなどと異なり，文字などの記号に対する表現（符号化）は自由度が高い。

　テキストデータ処理で最も注意すべきことは，数値自体の意味と対応付けのルールである。文字などに対応付けられた数値はある種の ID やインデックスであって，数値としての順序構造や大小関係は通常ない。例えば，数値の割り当てルールを変えてしまえば，数値上の大小関係や差は簡単にひっくり返るであろう。もちろん，五十音順やアルファベット順に割り当てるというルールの下では，数値の大小関係にそのような意味を持たせることはできる。これも，どういう対応付けのルールを採用するかに依存することは容易に理解できよう。そのため，音響データのような数値データと同様に単純に数値演算処理を行ってはいけないのである[†2]。なお，文字や単語を，いわゆる one-hot ベクトル[†3]，分散表現やエンベディングベクトルのような数値ベクトルに変換した後では，数値演算処理が可能である。

[†1] 例えば，ASCII コード，Shift-jis, UTF-8 などがある。
[†2] 非数値データを処理するときによくある間違いなので注意が必要である。
[†3] 単語や文字の異なり数が次元数に設定されたベクトルで，該当する単語や文字 ID の要素だけが 1 でその他の成分がすべて 0 のもの。つまり，$[0, 0, 0, 1, 0, 0, \ldots, 0, 0, 0]$ のようなベクトルである。

2.1.3 音源分離や音声認識とは

音源分離や音声認識でやりたいことを音響信号やテキストのデータ表現を用いて整理しよう。つまり，入出力関係をベクトル・行列といった変数を用いて表現する。ここでは図 2.3 に示す三つの例を取り上げる。

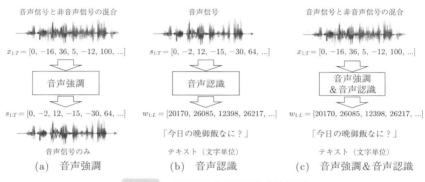

図 2.3　各タスクにおける入出力関係

音声信号と非音声の雑音信号が混合した入力信号から，音声信号だけを抽出して出力したい。これは，図 (a) に示すような，音声強調と呼ばれる音源分離の一種であり，その入出力関係は下記となる。

- 入力：モノラル入力信号 x_t $(t = 1, \ldots, T)$ $(x_{1:T} = [x_1, \ldots, x_T])$。ただし，音声以外に雑音も含んでいる。
- 出力：目的の音声信号 s_t $(t = 1, \ldots, T)$ $(s_{1:T} = [s_1, \ldots, s_T])$

信号を表現する各変数 x_t, s_t は基本的に実数であるとみなす。サンプリング周波数を変換する処理を想定しない限り，信号の長さ T は入力と出力で同じである。

音声信号を入力信号とし，対応するテキストへ変換して出力したい。これは図 (b) に示すような，いわゆる音声認識であるが，テキストデータの対応付けルールによって出力される数値列の意味が異なる。単語単位でテキストを表現する場合，その入出力関係は下記となる。

- 入力：モノラル入力信号 s_t $(t = 1, \ldots, T)$ $(x_{1:T} = [x_1, \ldots, x_T])$。ただ

2.1 データ表現と音源分離・音声認識の入出力　　*15*

し，認識対象の音声のみを含む。

- 出力：単語列 w_l $(l = 1, \ldots, L)$ $(w_{1:L} = [w_1, \ldots, w_L])$

もちろん，文字単位でテキストが表現されている場合は，出力は文字列 c_l $(l = 1, \ldots, L)$ となる。なお，単語や文字の種類（異なりの数）は通常（対応付けルールなどにおいて）事前に定められており，本当に新規の単語や文字を出力することは想定されない。あくまでも，事前登録されている単語や文字の列を出力するのである。ここでは，入力と出力の系列長は異なっており，それぞれ T と L である。この点は音声認識処理の一つのキーポイントであるので触れておく。

図（c）に示すように，上記の音声強調と音声認識を同時に行いたいこともあるだろう。その場合の入出力関係は下記となる。

- 入力：モノラル入力信号 x_t $(t = 1, \ldots, T)$ $(x_{1:T} = [x_1, \ldots, x_T])$。ただし，音声以外に雑音も含む。
- 出力：単語列 w_l $(l = 1, \ldots, L)$ $(w_{1:L} = [w_1, \ldots, w_L])$

三つの例に分けて書いたが，結局はどれも数値列を入力して，数値列を出力しているにすぎない。これを一般化して表現すると，数値の列 x_i $(t = 1, \ldots, I)$ を入力として，数値の列 y_j $(j = 1, \ldots, J)$ を出力している。コーディングする際は，配列を引数に取り，配列を出力する関数を作ることに対応する。

```
x # 波形データが格納された配列
s = speech_enhancement(x)
def speech_enhancement(x):
    # 中身は？
```

このように，音源分離や音声認識の処理を担うであろう関数（の名前）を定義することは簡単である。

数値列を入力とし，数値列を出力することはわかった。では，実際この後はどうすればいいのだろうか。おそらく，つぎのような疑問が思い浮かんでいるであろう。

16 2. 音声信号処理の基本

Q.1 どうやってその関数/中身を実現/実装するの？

Q.2 数列の値をそのまま使うの？

Q.3 文字はまだしも，音信号の数値列ってどう確認するの？ 目で見て確認できるの？

Q.1 に答えられなければ，先ほど作った関数の中身は記述できない。じつはテキスト表現のルールなどは Q.2 とも関係している。Q.3 の内容は，例えば，音声強調処理で本当に雑音が抑圧されているか，数値列を目で見ただけではよくわからないであろう。

それぞれの疑問に対して，本書ではつぎのように答える。

A.1 問題に合わせた型（モデル）と機械学習技術を応用して中身を実装する。→ 2.2 節。

A.2 特徴抽出と呼ばれる前処理をすることが多い。応用依存。→ 2.3 節。

A.3 数値データの可視化。→ 2.3 節。

これら三つを押さえることで音源分離・音声認識処理を始めることができるであろう。それでは，順番に詳細を見ていこう。

2.2 機械学習技術を用いたアプローチ

本節では，機械学習技術と，音源分離や音声認識との関係について説明する。機械学習技術といってもさまざまなものが存在するが，本書ではおもに教師あり学習と教師なし学習の技術を取り上げる。各応用に応じた細かい内容は 3 章と 4 章で扱うため，ここでは機械学習の概要をつかむことを目的としている。

2.2.1 機械学習とは

機械学習の目的は，入力と出力の関係（**関数**：モデルやルールなど）をデータから自動的に学習することである。データがあり，入力と出力が定義できるのであれば，精度はさておき，どんな問題やシステムにも適用できる技術であ

る。例えば，音源分離ではマイク入力信号を各音源信号へ分離する関数（モデル）を，音声認識では入力音声からテキスト列に変換する関数（モデル）を学習したい，というように，機械学習の枠組みに当てはめられる。前節では関数の名前だけ定義したが，要は機械学習を応用すればその中身を作れるよ，ということである。本節では，まず機械学習のモデルを説明し，その具体例とモデルの汎化能力について押さえる。

〔1〕 **機械学習のモデル：回帰モデル，分類モデル，確率モデル**　入力 x から出力 y を対応付ける関数（モデル）$y = f(x)$ の種類は大きく分けて，**回帰モデル**と**分類モデル**の2種類ある（図 2.4）。

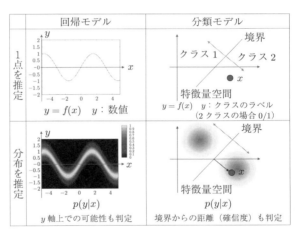

図 2.4　機械学習の基本的なモデル

回帰モデルは入力に対応する値を予測するのに対し，分類モデルは入力に対するクラスを出力する[†]。音源分離では，混合信号から音源信号を出力するので基本的には回帰モデルが使われる。また，音声認識では，入力の音声信号が，数ある文字・単語列の中のどれに対応するか，を当てるので分類モデルが使われる。なお，ここで用いた記号 x, y, f はスカラーの変数や関数に見える

[†] あらかじめ決めてあるクラス（グループ）のどれに属するかを当てるようなモデルである。

18   2. 音声信号処理の基本

が，それらがベクトル値の変数や関数であっても同じ議論ができる。

どの値やクラスをどれぐらいの可能性で取り得るか，どれほどの確信度/曖昧性があるのか，などを表現するために，データから**確率分布**を推定する場合も多い。この場合，なんらかの**確率モデル**を仮定し，入力 x が与えられた下で出力 y が生じる**事後確率**（posterior probability）$p(y|x)$ を求めることになる。図 2.4 下では，ある x に対する y の一つの値だけでなく，各 y がどれぐらいの可能性で取り得るか，という値が濃淡で示されている。「各 y」というのがポイントで，y が取り得るあらゆる値に対して，その可能性の値がなにかしら割り振られているのである。ベイズの定理によって，事後確率は**尤度関数**（likelihood function）$p(x|y)^\dagger$ と**事前確率**（prior probability）$p(y)$ により

$$p(y|x) = \frac{p(x|y)p(y)}{p(x)} \tag{2.1}$$

と表せられる。

直接的に事後確率を表現したモデルを**識別モデル**（discriminative model），ベイズの定理によって尤度関数と事前確率で表したモデルを（確率的）**生成モデル**（generative model）と呼ぶ。生成モデルはなぜそのデータが観測されたかを順に説明するモデルであり，音の生成過程や伝達過程を制約として利用する音源分離や，音声認識における音声信号パターンのクラスタリングなどに用いられる。特に，後に説明する教師なし学習を行えることが，生成モデルの特徴の一つである。例えば，事前情報を用いないブラインド音源分離では観測データのみを用いて，元の信号や伝達過程の推定を行う。出力 y が元の信号などに対応するが，それらは直接的には観測/知ることができない。この場合，入力に対応する x のみを用いた確率モデルを生成モデルから導出する。具体的には，y は直接的には観測できないが存在はしていると仮定し，さらに，背後に x と y の同時分布があると仮定した下で

---

† このとき，x には具体的な信号値 [3, 4] などが仮定され，その値は固定されている。例えば，$x = [3, 4]$ である。そのため，事後分布から導いた $p(x|y)$ は y の関数である点に注意。

$$p(x) = \int p(x,y)\mathrm{d}y = \int p(x|y)p(y)\mathrm{d}y \tag{2.2}$$

という形のモデルを考えることが多い†。尤度関数と事前確率が存在しているので，y が観測されていない場合でも，生成モデルを考えることができる。

〔2〕 具 体 例　本書では，回帰問題ではおもに $y = f(x)$ という関数や $p(x)$ という形の分布，分類問題では $p(y|x)$ という形の分布が登場する。ここでは，簡単かつ具体的な例を二つ示し，機械学習におけるモデルと学習の要点を押さえよう（図 2.5）。なお，問題の特性を残して簡単な例を考えることは，ものごとを考える上でも重要である。

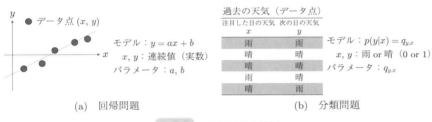

図 2.5　各問題の具体例

まず，回帰問題において $y = f(x)$ という関数の簡単な例を取り上げる（図(a)）。$x - y$ 平面上での直線を表す式 $y = ax + b$ は皆さんご存じであろう。この式自体が直線を表すモデルであり，変数 a, b はこのモデルにおけるパラメータである。平面上の (x, y) 上の 2 点が得られれば，この 2 点を通る直線式のパラメータ a, b の値が定まる。この 2 点がいわゆる学習用の「データ」であり，a, b の値を計算して決めることが「学習」に対応する。機械学習では，極端ではあるが，平面上の 1 点しか得られていない場合や大量の点が得られている場合における，パラメータの決定方法も取り扱っている。

つぎに，分類問題において $p(y|x)$ という条件付き確率の例を取り上げる（図(b)）。例えば，天気予報のように，過去の天気情報から，今日が雨のと

---

†　積分によって同時分布を周辺化しており，また，x の値は固定されているので，周辺化尤度とも呼ぶ。

きに明日の天気が「晴」「雨」になる確率を予想したいこともある。このとき，「今日が雨」であることを x で，明日の天気が「晴」「雨」のどちらであるかを y で表すと，条件付き確率の形で知りたい確率を表現できる[†1]。このとき，過去の天気情報が学習用の「データ」であり，それに基づき確率 $p(y|x)$ のパラメータを決めることが「学習」に対応する。ここで，確率 $p(y|x)$ が $q_{y,x}$ ($\sum_y q_{y,x} = 1$) というパラメータで表されるモデルを考えてみよう。少々強引だが，過去のデータで「今日が雨のとき，つぎの日が晴」となる事象の割合が 2/3 なら，$q_{y,x} = 2/3 (x = 雨, y = 晴)$ とパラメータが決まる。つまり，「$p(y = 晴 | x = 雨) = 2/3$ であろう」ということである。この確率分布のパラメータが決まれば，最大の確率を取る y を明日の天気の予測値として出力できる。この例の場合では，$y = 晴$ を予測値として出力する[†2]。

〔3〕 汎化能力　機械学習では，学習用のデータに存在しない入力 x^* に対しても，正しい予測値 y^* もしくは近い値を得ることが重要である。これは汎化や汎化能力と呼ばれる。学習用のデータに含まれる入力値に対してのみ正しい予測値を出力することだけでは，必ずしも汎化性を高めているとはいえない。極端な例だが，学習用のデータを単に丸暗記しておけば[†3]，それらのデータに対しては必ず正しい値を出力できるからである。しかし，それ以外のデータに対してはまったく予測ができないため，丸暗記モデルの汎化能力は低い[†4]。丸暗記ではなく，入力に対してなにかしらの予測値を必ず出力するモデルの場合でも汎化能力の低下は生じる。例えば，学習データに対してモデル（のパラメータ）が過剰適合することが原因で，他のデータに対する予測精

[†1] 確率 p を考えるときの「晴」や「雨」といった文字列は，なにかしらの数値 ID になっているとみなしておく。また，確率は正確には確率密度関数もしくは確率質量関数を指すが，そのような定義や表記の厳密性はおいておく。

[†2] これは強引すぎないか？　という感覚は正しい。本当に天気を予測したい場合は，たくさんの情報源や物理モデルなどとも統合する必要がある。これが予測モデルを精密にするということである。

[†3] 例えば，map（C++等）や dictionary（python 等）の key-value 形式で記憶しておく。

[†4] key がない場合は "わからない（予測できない）" ことはわかるため，なにかしら当てずっぽうの値を予測するモデルよりはよいかもしれない。

度が低くなる(予測誤差が大きくなる)ことがあり,このような状況を**過学習**(over fitting)と呼ぶ。

実用的に考えても,例えば,「学習用のデータに含まれない話者に対しては,音声認識がまったくできない」では,多くの用途で使いものにならないことは理解できるであろう。われわれが行いたいのはそのような丸暗記ではないはずである。学習データから「パターン」を学んだり,見たことのないデータでも「パターン」に基づき類推してほしい,と思うことは自然である。

2.2.2 学習・推論フェーズとポイント

機械学習では多くの場合,データからモデルを学習する「**学習フェーズ**」と,学習したモデルを用いて新たなデータを処理する「**推論**[†]**フェーズ**」に分かれている。各フェーズで用いるデータセットをそれぞれ**学習用データ**(training data/set),**評価用データ**(test/evaluation data/set)といい,そのほかに**検証用データ**(validation data/set)などもある。図 **2.6** に学習フェーズと推論フェーズの概要を示す。これらについて具体的に説明しておこう。

〔1〕 **学習フェーズ** 学習フェーズでは,モデル(関数や確率密度関数)

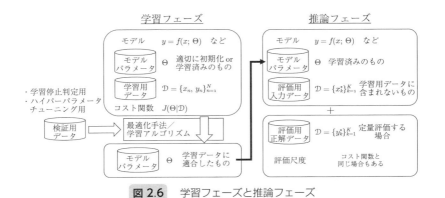

図 **2.6** 学習フェーズと推論フェーズ

[†] 学習済みモデルを用いて未知データに対する予測・認識・情報抽出といった処理を行うことを本書ではまとめて「推論」と呼ぶことにする。

22　　2.　音声信号処理の基本

のパラメータ集合 $\boldsymbol{\Theta}$ をデータ集合 $\mathcal{D} = \{(x_n, y_n)\}_{n=1}^{N}$ を用いて決定する。こ
こで，(x_n, y_n) は n 番目のデータ点を表し，N は学習データのサンプル数で
ある。例えば，入力 x に対する出力 y を予測する直線式 $y = ax + b$ の場合だ
と，パラメータ集合は $\boldsymbol{\Theta} = \{a, b\}$ である。また，平面上の 2 点 $(1, 2), (-1, 0)$
からパラメータを決定するのであれば，データ集合は $\mathcal{D} = \{(1, 2), (-1, 0)\}$，
$N = 2$ となる。ここでは各データ点がスカラーの変数のように記述したが，
ベクトルや行列などのような多量変数であることが多い。

　学習フェーズでは，大きく分けて，**教師あり学習**（supervised learning）と
教師なし学習（unsuprvised learning）の 2 種類の設定が存在する[†]。教師あ
り学習では入力と出力の対応が取れたデータ点 (x, y) を前提とするが，教師な
し学習では入力 x のみを用いる。後者の場合，データ集合は $\mathcal{D} =$
$\{x_n\}_{n=1}^{N}$ である。両者とも，モデルが出力した値 $\hat{y}$ の「誤差」もしくは「良
さ」を測る「**コスト関数** J」を，学習データセットに対して下げるもしくは上
げるようなパラメータを学習する。これを形だけ数学的に記述すると次式のよ
うになる。

$$\hat{\boldsymbol{\Theta}} = \mathrm{argmax}_{\boldsymbol{\Theta}} \quad J(\boldsymbol{\Theta}|\hat{y}_{1:N}, y_{1:N}), \text{ or} \tag{2.3}$$

$$\hat{\boldsymbol{\Theta}} = \mathrm{argmin}_{\boldsymbol{\Theta}} \quad J(\boldsymbol{\Theta}|\hat{y}_{1:N}, y_{1:N}), \tag{2.4}$$

ここで，記号 $\mathrm{argmax}_x f(x)$ や $\mathrm{argmin}_x f(x)$ は，記号の中にあるスカラー値を
取る関数（ここでは f）の値を，最大，もしくは，最小にする変数 x の値を
表す。また，$J(\boldsymbol{\Theta}|\hat{y}_{1:N}, y_{1:N})$ は，各入力に対するモデルの予測値 $\hat{y}_{1:N} = [\hat{y}_1,$
$\ldots, \hat{y}_N]$ とその正解値 $y_{1:N} = [y_1, \ldots, y_N]$ に対して定義されている。値が大き
いほうが良いのか，小さいほうが良いのかは，マイナスの符号を乗ずるだけの
違いであるので，以降は値が小さいほうが良いものとして話を進める。なお，
ここでは最適値が複数ある場合や他の制約条件を付ける場合は考慮していな
い。コスト関数は，分野や細かい設定の違いで，ロス関数や目的関数，損失関

[†]　そのほかにも，半教師あり学習，弱教師あり学習や，強化学習なども存在するが，ま
　　ずはこの二つからである。

数などと呼ばれることもある。通常，データ点 n ごとに分けて「誤差」を計算することが多いので，$J(\Theta|\hat{y}_{1:N}, y_{1:N})$ は事実上

$$J(\Theta|\hat{y}_{1:N}, y_{1:N}) = \sum_{n=1}^{N} J(\Theta|\hat{y}_n, y_n) \tag{2.5}$$

という形になることが多い。これは「各データ点はたがいにまったく無関係に生成された」というデータ点間での独立性を仮定していることになる。

さまざまな学習アルゴリズムや最適化手法が「良い」パラメータ集合を得るために適用されるが，どのような場合でも"学習"のイメージはおおよそ共通している（図 2.7）。「良さ」を測るコスト関数に，正解のデータ点がそのまま使われることもあれば，「確率分布」が用いられることもある。それぞれのイメージを見ていこう。

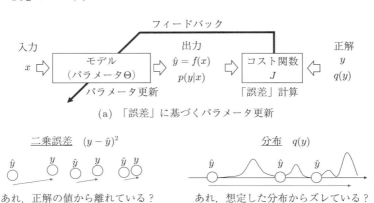

図 2.7　学習のイメージ

教師あり学習では，実際に入力 x_n をモデルへ入力し，現在のモデルの出力値，例えば，回帰モデル $\hat{y}_n = f(x_n; \Theta)$，と理想出力値 y_n のいわゆる「誤差」が，コスト関数 J で表現されることが多い（図 (a)）。具体的には，二乗誤差 $(y_n - \hat{y}_n)^2$ などが直感的に思い浮かぶのではないだろうか（図 (b) 左）。この

誤差をさらに小さくするように，Θ を更新していくことができればよいであろう。この手段（学習アルゴリズム）には，例えば，コスト関数に対するパラメータの勾配を用いて更新を行う，勾配法（**最急降下法**，gradient descent）といった数値最適化アルゴリズムなどが適用できる。

　モデルの「良さ」として，データの確率分布への適合度をコスト関数 J で表現することもある（図 2.7b 右）。モデルの確率分布がそのままコスト関数になる場合も多く，先ほどと同様，この「良さ」を改善するように Θ を更新できればよい。図の例では，正解の分布 $q(y)$ 上での密度が小さいところに予測値 $\hat{y}$ がある場合を示している。この場合，より正解の分布に適合するように，予測値（群）を右側に寄せるようなフィードバックがかかるであろう。教師あり学習では条件付き確率 $p(y|x)$ を用いたり，教師なし学習では尤度関数 $p(x|y)$ や周辺化尤度 $p(x)$ を用いることもある[†]。確率分布間の距離をコスト関数として設定する場合もあり，**カルバックライブラーダイバージェンス**（Kullback-Leibler divergence，**KLD**）などがよく使われる。また，尤度をコスト関数に用いてパラメータを推定することを**最尤推定**（maximum likelihood estimation）と呼ぶ。教師あり学習の場合，正解値が与えられている（固定されている）ので，$p(y|x)$ は条件付きの尤度関数であり，最尤推定でパラメータを学習していることになる。

　なお，一般的に，コスト関数や学習アルゴリズムによっては，コスト関数を最小化するような "最も良い（最適な）" パラメータが学習されるとは限らない。いわゆる**局所解**と呼ばれる "そこそこ良い" パラメータが得られることも多い。また，特に教師なし学習では，パラメータの初期値なども学習結果に影響を及ぼすこともある。パラメータ学習を自分で行う場合には留意が必要である。

〔**2**〕　**推論フェーズ**　　推論フェーズでは，未知の入力に対する値やクラスを予測する。基本的に学習したパラメータ Θ は固定なので，モデルに従って

[†] 　教師なし学習の場合，「x がモデルへ入力される」という表現や図 2.7 のイメージは，実際の処理手続きとは合わないので注意されたい。

入力値 x に対応する出力値 y を計算するのみである。音声認識の場合などでは，学習した確率モデルに基づいて，最適な出力系列を推論するアルゴリズムをさらに適用することもある。

モデルの性能を評価する場合は，正解データと評価尺度をさらに用意する必要がある。評価用セットは入力と出力（正解）のペアからなるもので，学習セットとは別に構築しておく。評価尺度はモデルの性能を測るものである。音源分離であれば信号対雑音比（singal-to-noise ratio; SNR），音声認識であれば単語誤り率（word error rate; WER）や文字誤り率（character error rate; CER）などである。これらの詳細は 3 章以降で取り上げる。

学習におけるコスト関数にこの評価尺度を使うこともできるが，必ずしもそうもいかない場合も多いので，この両者は異なることが多い。例えば，音声強調した信号のよさは，実際に人が聞いて「よいか悪いか」という観点でも測ることができる。しかし，学習途中のモデルの出力を，人が聞いていちいち採点するといったことは，手間やかかる時間を考えると困難である。

〔3〕　**検証用データとハイパーパラメータ**　　学習用・評価用データ以外に検証用データを使う場合が多い。このデータセットは，モデルの**ハイパーパラメータ**（hyper parameter）をチューニングするために利用される。ハイパーパラメータは，モデル内であらかじめ設定されている関数や次数，ベクトルの次元数，学習の手続きに含まれるパラメータ（停止エポック数，学習係数など）が該当する†。例えば，これまで回帰問題では直線の式を例に取り上げてきたが，2 次関数の式，一般化して n 次関数の式を考えることができる。このとき，この n はハイパーパラメータであり，この n に応じてモデルのパラメータ数自体が異なってくる。

ハイパーパラメータは通常，検証用データに対する評価尺度の値が高くなるように設定する。性能の上限を示す/確認するといったような理由がない限り，**評価用データでハイパーパラメータをチューニングすることは，ある意**

---

†　ほかにも，確率モデルにおける事前分布のパラメータなどもハイパーパラメータである。

26　**2. 音声信号処理の基本**

味インチキをしていることになるので注意が必要である。頭に「ハイパー」と付いてはいるが「パラメータ」であること，評価用データでパラメータを学習してはいけないことを考えると当然である。なにがパラメータで，なにがハイパーパラメータかについて明確な定義があるわけではないが，「**いろいろ試していると評価データでチューニングしてしまっていた**」ということに陥りがちであるため，注意が必要である[†1]。どのような設定の下で算出した値なのか，自分の中で実験条件をきちんと把握しておく必要がある。

〔**4**〕　**ポイント**　　機械学習の理論は難しいのでさておき，機械学習をきちんと応用/活用するために，学習・推論フェーズでわれわれが押さえるべきポイントは下記の五つほどであろう。

- モデル
- 入力出力の表現や前処理：特徴量抽出，正規化
- コスト関数・評価尺度
- 学習/最適化アルゴリズム：学習フェーズ，推論フェーズ
- データセットの性質：学習フェーズ，推論フェーズ

これらは実際に機械学習技術を使うにあたって直面する事項であり，応用する問題に応じて変更する必要がある。解く問題に応じて適切なものを選択しないと，機械学習のパフォーマンスを十分発揮できないこともある。「なにも考えず使ってみたら全然ダメだった」という場合，自分の使い方がマズかったという可能性も意外とあるので注意すべきである[†2]。基本的に「モデルや手法が前提としていることを満たしていなければ，うまく動作しない」ということは念頭に置いておこう。

ここでは簡単な例を取り上げて，先ほどのポイントのいくつかを具体的に理解していこう。$x - y$ 平面での対応関係である 2 次関数 $y = (x - 3)^2 + n$ を機

[†1]　試作や挙動の確認などを目的とする予備実験などの場合は別に構わない。内輪のレポートや進捗報告等に値を記載する際は，そのような設定であることをきちんと明記することが重要である。

[†2]　実応用を通して機械学習を学ぼうという方には，なぜダメだったのかを都度考える（推理する）習慣を付け，デバッグ能力の向上につなげてほしい。

械学習させたいとしよう。ただし，われわれにいま見えているのは，データ集合として与えられた平面上の 2 点 $\mathcal{D} = \{(3, -1), (4, 0)\}$ だけであり，**真の対応関係が 2 次関数であることはわからない**。まず最初に，関数（モデル）の選択として，1 次関数（直線の式），2 次関数，3 次関数などいろいろな可能性があり，どれを使うか選択しなければならない（モデルの選択）。しかし，データ 2 点しかない（データセットの性質：low resource）ので，3 次関数などをモデルに使うのは少しよくない気がするであろう。とりあえず，パラメータが少ない 1 次関数を選ぶとしよう。この選択は仕方ないが，この時点で真の関数である 2 次関数を精度よく近似することができない。前処理などは選択の余地がなさそうなのでスキップし，よさを測るコスト関数には二乗誤差を使おう。1 次関数でデータ 2 点しかないなら解が直接求まるが，本当にそのように決めてよいのだろうか（学習/最適化アルゴリズムの選択）。むしろ，1 次関数以外にもあり得るという曖昧性を扱ったほうが，確定的に決定して誤った場合よりもリスクが小さいような気がしてくる。ここまで考えると，確率モデルに基づくモデル化や，データ点が少ないことを前提とした手法，データ点が増えた場合に対応できるような枠組みなどを考慮するという選択肢も出てくるかもしれない（コスト関数，制約条件，学習アルゴリズムなど）。われわれには真の対応関係がわからないので，いろいろな悩む点が出てきたと思う。実際に機械学習を応用する場合にも，同じような悩みポイントが出てくるが，割りきって進めるしかない場合もある。しかし，そのような場合でも，「なにを割りきって進めたのか」を自分自身で把握しておくことは重要である。

さらに，推論フェーズと学習フェーズでデータの特性がまったく異なる場合（モデルとデータのミスマッチ），学習したモデルはどのように振る舞うだろうか。なんの工夫も行っていない場合，まったく見たことないデータなので推論フェーズでの予測はほぼ失敗する。これは学習セットに過学習していて，モデルの汎化能力がないということである。もちろん，特性が異なっていたとしても，データセット間で共通する特徴やパターンを抽出する処理や，データごとの特性をキャンセルするような処理が行われていれば，そのような問題は緩和

される。これには特徴抽出や正規化と呼ばれる処理が該当し，このようなデータの特性の差をある程度吸収する役割がある。このようなミスマッチに対応した研究もあり，音源分離・音声認識の場合の事例を5章でも触れている。

2.2.3　音源分離や音声認識にどう適用するか

機械学習の定式化に，音源分離・音声認識で実現したい入出力をそのまま当てはめることになる。例えば，同じ信号長 T を想定するような音声強調処理の場合，その入力系列 $x_t(t = 1, \ldots, T)$ と出力系列 $s_t(t = 1, \ldots, T)$ の対応関係 f，つまり，$(s_1, \ldots, s_T) = f(x_1, \ldots, x_T; \Theta)$ となる f のパラメータ Θ を機械学習すればよい。出力の曖昧性まで考える場合は，条件付き確率 $p(s_1, \ldots, s_T | x_1, \ldots, x_T; \Theta)$ のパラメータ Θ を機械学習させる。音声認識の場合は，文字列 $c_{l=1, \ldots, L}$ などが出力系列として使われる。

ここで，おそらくこう思っていることであろう，「あれ，結局 f, p の中身についてなにも言っていないじゃないか」。そのとおり！　なにも言っていないのである。各関数の中身はなにかしらのモデルを仮定する必要があり，それはわれわれが対象のデータの特性を考慮して決定すべき内容なのである。つまり，モデルは取り組もうとしている問題に適したものを選択もしくは開発する必要がある。例えば，音源分離などでは後に登場する畳み込み混合過程を想定することが多い。このような物理過程を経ていることを知っているのであれば，その物理特性を活用可能なモデルを選ぶべきであろう。本章後半で取り上げるディープラーニングでは，大量のデータを用いて特徴抽出を含めた巨大なネットワークパラメータを学習するので，物理特性やら特徴量やら細かいことを考える必要はないかもしれない。そのような場合でも，ネットワーク構造や中間層のノード数や層の深さといった，ハイパーパラメータを決定するのは，機械学習を各タスク・問題へ応用するわれわれ自身である。

コスト関数や最適化アルゴリズムも，データの性質に合わせて選択/導出することが多い。例えば，音源分離の手法では，音源信号の統計的性質（音源特性）などを確率分布でモデル化するが，これがそのままコスト関数の一部を構

成することも多い。加えて，特徴量の抽出や正規化処理も，性能や学習の収束特性に影響を及ぼす。例えば，音響信号の場合，マイク入力の音量によって音源分離などの挙動が変化するのは好ましくない。もし，発話区間を切り出してから音源分離を行うのであれば，波形全体における振幅値の分散が1になるようスケールを調整すれば，音量への依存性は機械学習の適用前に解消される。中身を知らなくてもさまざまな機械学習を応用することはできるが，対象データの特性を知った上で使うほうが性能を上げやすい。

うまく機械学習技術を使いこなすコツの一つは，対象データの特性を正確に理解することである。そのため，関係する基礎的な理論・モデルや知識は，あらかじめ知っておくほうがものごとを進めやすくなる。次節では，音源分離・音声認識における基本的な知識や処理・モデルを説明し，その後，ディープニューラルネットワークの概要について説明する。本章の最後では，学習などに用いるデータセットなどについても触れる。

2.2.4　データへの適応：モデルのチューニングや学習・推論の同時実行

音源分離や音声認識では教師なし学習や教師あり学習がよく登場するが，学習に用いるデータと学習対象のパラメータの観点からそのパターンを整理しておこう。実用上，一般的なデータで事前学習したモデルを，タスク依存のデータでさらに（追加）学習することがあるからである。これはモデルのパラメータ適応やドメイン適応，ファインチューニング（fine-tuning）などに相当する。ここでは，「どんなデータ」を用いて「なんのパラメータ」を学習するかという視点で整理しておく。前提条件が異なる場合も多いので，ここで一旦整理しておくと理解の混乱は少なくて済むであろう。

- 学習データ（通常大量）でモデルパラメータを事前学習
- チューニング用データ（通常少量）で学習済みモデルパラメータを適応
- 推論対象のデータ（1発話など）でモデルパラメータを推定もしくは学習済みモデルパラメータを適応

さらに，各状況において，使えるデータを全部使って学習/適応するのか（バッ

チ/オフライン），逐次的に学習/適応するのか（incremental/オンライン）という区分けもある。問題設定が異なってくるので，これの条件には注意しておくべきであろう。

「予測対象の（入力）データ」自体を用いてパラメータを推定もしくは適応することがあることを強調しておく。エコーキャンセラなどの適応的信号処理（適応フィルタ）やブラインド音源分離では，目の前のデータを用いてパラメータと所望の出力を動的かつ同時に推定する。2.2.2 項では学習フェーズと推論フェーズの二つをおもに取り上げたが，このように両者が混在していることもある†。

2.3　音声信号の伝達モデルと基本的な分析・特徴量

ここまでで，本書で対象とする問題（音源分離・音声認識）や，機械学習技術の概要を説明した。機械学習の少し細かい内容へ踏み込む前に，本節で音源分離・音声認識における基礎を学んでおく。われわれが扱いたい対象データの特性を具体的にさらっておくことで，機械学習で必要な要素が，具体的になにに対応するかというイメージがつかみやすいであろう。また，なんらかの問題が起きたときに，その原因の予想（例えば，データの特性が原因なのかそうでないのか）も立てやすくなる。ここでは図 2.8 に示したこれら二つの伝達過程に関するモデルと基礎事項を取り上げる。音源分離は音源からマイクへ音が到来する過程に注目し，音声認識では頭で考えたことを体の器官を通じて口から音として発生する過程に注目しているからである。加えて，音響データの可視化の方法や，機械学習でよく用いられる音響信号や音声信号に関する特徴量に関しても適宜触れていく。

---

†　「ということは，評価用データでパラメータを学習しているじゃないか」と思われるかもしれない。確かに評価用データ自体を用いてはいるが，ブラインド音源分離のように入力データは使うが正解データは使わないということが多い。適応フィルタでは予測精度のほか，適応速度といった評価尺度も考慮した上でモデルやアルゴリズムのよさが測られる。タスクの内容や評価尺度も合わせて押さえることは重要である。

2.3 音声信号の伝達モデルと基本的な分析・特徴量　　31

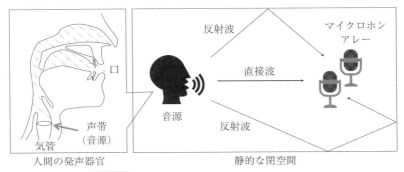

図 2.8　音声の生成からマイクまでの伝達過程

2.3.1 時間波形と時間周波数成分の可視化

音響信号の可視化は最も基本的な操作であり，入力データや分離結果の確認などさまざまな場面で必要となる。ここでは代表的な波形およびスペクトログラムの可視化を取り上げる。図 2.9 上側に波形，下側にスペクトログラムをプロットしている。配列の数値を目で眺めるよりも，このようにデータをうまくプロットして可視化したほうが，データの性質をよりうまくつかめることが

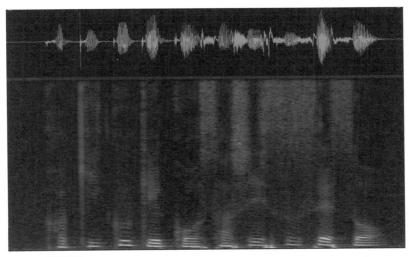

図 2.9　波形（上）とスペクトログラム（下）のプロット（口絵 1）

32   2. 音声信号処理の基本

理解できよう。では，これらのデータがなにを意味するかを簡単に説明してい
こう。

　音響信号データは1次元配列で表現されるため，横軸に時刻（インデック
ス），縦軸に振幅値（配列の値）を取ることで波形としてプロットできる。横
軸の単位を時間にする場合は，配列のインデックスをサンプリング周波数で
割った値を用いる必要がある。具体的な手続きは，用いるプログラミング言語
やソフトウェアに依存するが，音声ファイルを配列データとして読み込む，プ
ロット系のモジュールに配列を渡す，というステップは共通している。例え
ば，Python の場合，つぎのプログラム 2-1 で波形のプロットができる。

―――――――― プログラム **2-1** ――――――――

```
from scipy.io import wavfile
import matplotlib.pyplot as plt
fs, s = wavfile.read('sample.wav') # read audio wav files
plt.plot(np.linspace(0,len(s)/fs,len(s)), s)
plt.show()
```

　つぎに，音響データの可視化で最も利用される**スペクトログラム**（spectro-
gram）を説明する。スペクトログラムは各時刻における短時間区間信号の周
波数スペクトルの強度を時間-周波数を横軸・縦軸にとってプロットしたもの
である。色の濃淡は，各スペクトル成分のパワーを対数スケールで表してい
る。スペクトログラムは2次元配列で表現されるデータであり，フレーム番
号と呼ばれるインデックスと周波数ビン番号と呼ばれるインデックスを持つ。
単位の違いを除き，フレーム番号は離散時刻と，周波数ビン番号は離散的な周
波数と同一視してもよい。スペクトログラムでの可視化は，分析ソフトで行え
たり，自分でプログラムを書いてプロットすることもできる。スペクトログラ
ムは**短時間フーリエ変換**（short-time Fourier transform, **STFT**）と呼ばれ
る処理を行うため，波形のプロットより手続きは複雑となる。まず，1次元配
列の波形データ $x_t(t = 1, \ldots, T)$ に対して，短時間区間内の波形の切り出しと
離散フーリエ変換（discrete Fourier transform, **DFT**）による周波数成分計
算を繰り返し行う。解析対象の区間窓を波形データに対してズラしながら，各

区間の周波数成分を計算するイメージである（スライディングウインドウ処理）。短時間区間 N 内の離散フーリエ変換を形式的に表現すると次式のようになる。

$$X_{t,f} = \sum_{n=0}^{N} x_{t*m+n} w_n \exp\left(-j\frac{2\pi nf}{N}\right) \quad \left(f = 0, \ldots, \frac{N}{2}\right) \qquad (2.6)$$

ここで，$X_{t,f}$ はフレーム番号 t における周波数ビン番号 f の周波数成分の値である。また，m はシフト長/ホップ数であり，w_n は窓関数と呼ばれ波形データに乗算する値である。離散フーリエ変換や窓関数の役割などの説明は信号処理の専門書に譲る。このスペクトログラム $X_{t,f}$ は複素信号であり，また，周波数ビン番号 $(N+1)/2$ 以降の値は不要である。スペクトログラムをプロットする際は，パワーの対数 $10\log_{10}|X_{f,w}|^2$ を取ってデシベル単位〔dB〕で表示する。

2.3.2 信号源からマイクへの伝達過程と特徴量

ここでは，音源からマイクまでの伝達過程において広く使われているモデルを説明する。特に音源とマイク位置の関係が時間変化しないことを仮定する。また，音源分離技術において用いられる特徴量に関しても取り上げる。

〔1〕 **観測モデルと時間周波数領域表現** 観測モデルとは，音源 n からマイク m までの音の到来過程を表したモデルである。直感的には，直接マイクへ到達する経路のほか，床や壁などで反射して到達する経路もあり，距離によって信号のパワー（振幅）が減衰することだろう。このような経路が時間変化しない場合，信号処理におけるいわゆる**線形時不変システム**（linear time-invariant system）によるモデル化が行われる。つまり，音源 $n\,(n = 1, .., N)$ からマイク $m\,(m = 1, \ldots, M)$ まで伝達特性を**インパルス応答**（impulse response）$h_{d,m,n}\,(d = 0, \ldots, D - 1)$ を用いて表すと，n 番目の音源信号 $s_{t,n}$ と，マイク m での観測信号 $x_{t,m}$ は次式で表現される。

$$x_{t,m} = \sum_{n=1}^{N} \sum_{d=0}^{D-1} h_{d,m,n} s_{t-d,n} + n_{t,m} \quad (m = 1, \ldots, M) \tag{2.7}$$

ここで，$n_{t,m}$ はマイク m に関する経路雑音であり，音源信号は対応する経路のインパルス応答が畳み込まれている。

観測モデルの畳み込みの式を見て「なんじゃこりゃ」と思われるかもしれないが，単純な場合を考えてみると納得できる。例えば，音源とマイクが一つ（$n = m = 1$）で，インパルス応答が $h_{1,1,1} = 0.8, h_{4,1,1} = 0.1$ の場合の観測モデルを考えよう。

$$x_{t,1} = 0.8 s_{t-1,1} + 0.1 s_{t-4,1} \tag{2.8}$$

この式は，「時刻 t のマイク入力信号値は，1時刻前の音源信号値に 0.8 を掛けた値，4時刻前の音源信号値に 0.1 を掛けた値，の和である」ということを表す。1時刻前などが音源からマイクまでの到達時間の遅延を表し，0.8 などは信号の減衰値を表現している。4時刻前などは床などの反射経路などかもしれない。それらの成分が加算，つまり，重ね合わさって観測された，ということである。直感的なイメージと合致するであろう。なお，厳密にはサンプリング処理が入っているため，インデックス d とインパルス応答の値がそれぞれ遅延時間と減衰へ直接的に対応しているわけではない。もし，遅延なく瞬時に到来する場合は，時刻に関して，$h_{t,m,n} = \delta(t)$ というデルタ関数を想定していることになる。非現実的だが，音源分離の際のテストデータとして，シミュレーションで生成する場合はある†。

この観測モデルにおいて，もしインパルス応答が既知であれば，音源 n からマイク m まで伝達特性を再現した観測信号をシミュレートして生成できる。インパルス応答が，到達の時間遅延や反射経路，減衰，マイク間での音の到達時間差といった，すべての情報を含んでいるからである。このとき，音源信号

---

†　時間遅延がなく音信号が混合されるので，瞬時混合モデルと呼ばれる。

$s_{t,n}$ になにを使うのかは，われわれが自由に選べる。例えば，バイノーラル音響のステレオ音声を聞くと音の方向感が再現されているが，これもインパルス応答を用いて合成したものである[3]。複数の音源信号が混ざった観測信号も，式に従って各要素を加算すれば生成できる。

　スペクトログラムの計算で行った短時間フーリエ変換（STFT）領域では，時間領域の畳み込みが積の関係で近似できる。この場合，各音源に関するインパルス応答の畳み込みが，周波数ビンごとの積で表現されるので計算が単純になる。音源 n からマイク m 間のインパルス応答の周波数領域表現を $H_{f,m,n}$ としたとき，フレーム番号 t，周波数ビン f における観測スペクトルは

$$X_{t,f,m} = \sum_{n=1}^{N} H_{f,m,n} S_{t,f,n} + N_{t,f,m} \quad (m = 1, \ldots, M) \tag{2.9}$$

で表現される。ここで，$S_{t,f,n}$ は音源信号 n のスペクトル，$N_{t,f,m}$ はマイク m に関する経路雑音のスペクトルである。ちなみに，残響を取り除く処理（残響除去）の手法などでは，STFT 領域上で STFT の窓長を超える残響を表現する場合もある。その場合，フレーム番号 d $(d = 0, \ldots, D - 1)$ に関して遅延があると考え

$$X_{t,f,m} = \sum_{n=1}^{N} \sum_{d=0}^{D-1} H_{f,m,n,d} S_{t-d,f,n} + N_{t,f,m} \quad (m = 1, \ldots, M) \tag{2.10}$$

という観測モデルを仮定することもある[4]。

　〔2〕　**マイク間強度差・位相差特徴量**　　複数マイクを用いる音源分離などで用いられる特徴量である，マイク間強度差や位相差，に関して簡単に説明する。一般的に，これらは観測信号のスペクトログラムから計算され，その名のとおり，マイク間での観測信号の強さの比と到来時間の差を表したものである。通常，マイク間の音の到来時間差や振幅・パワー値は音源の位置によって微妙に異なるため，これら二つの特徴量は観測信号に含まれる到来信号の空間的な情報を表現していると考えられる。教師あり音源分離における特徴量や時

36   2. 音声信号処理の基本

間-周波数成分のクラスタリングの際の特徴量としても用いられる。それぞれ，ある二つのマイク間で計算される量である。

番号が a, b である二つのマイクに対して，**両耳間強度差**（interaural intencity difference, **IID**/interaural level difference, **ILD**）と**両耳間位相差**（interaural phase difference, **IPD**）を計算する[5]~[8]。マイク番号 m，フレーム番号 t，周波数ビン番号 f の STFT 領域での観測スペクトルを $X_{t,f,m}$ としたとき，例えば，マイク a と b に関する IID と IPD は

$$\mathrm{IID}_{t,f}(a,b) = 20\log_{10}|X_{t,f,a}| - 20\log_{10}|X_{t,f,b}| \tag{2.11}$$

$$\mathrm{IPD}_{t,f}(a,b) = \mathrm{angle}(X_{t,f,a}) - \mathrm{angle}(X_{t,f,b}) \tag{2.12}$$

などによって計算できる。ここで angle 関数は，複素数の位相成分を抽出する関数とする。マイクが M 本ある場合は，IID・IPD ともに $_MC_2$ パターン計算できる。

もし観測信号に 1 音源分の信号しか含まない場合，IID・IPD がなにを表現しているのか明確になる。このとき，観測スペクトルは $X_{t,f,m} = H_{f,m,1}S_{t,f,1}$ なので，IID と IPD の値はつぎのようになる。

$$\mathrm{IID}_{t,f}(a,b) = 20\log_{10}|H_{f,a,1}| - 20\log_{10}|H_{f,b,1}| \tag{2.13}$$

$$\mathrm{IPD}_{t,f}(a,b) = \mathrm{angle}(H_{f,a,1}) - \mathrm{angle}(H_{f,b,1}) \tag{2.14}$$

音源自身のスペクトログラム成分 $S_{t,f,1}$ は，マイク間で同一の成分であるからキャンセルされ，インパルス応答成分，つまり空間的な情報だけが残っていることがわかる。このとき，IID はマイク間の伝達特性のパワー比，IPD はマイク間の伝達特性の位相差となっている。

2.3.3　音声信号の生成過程と特徴量

ここでは，人の発声メカニズム（生成部分）と聴覚機能（認識部分）に関して説明する。これら人の機構に関する知見は，音源分離や音声認識においては音声信号のモデル化に反映されたり，音声認識用特徴量の設計に用いられて

いる。場当たり的にモデルが提案されたり，特徴量が計算されているのではなく，対象データの知見に基づいて設計されていることがわかる。

〔1〕 **発声メカニズムと聴覚機能**　人間の発声器官と音声のパワースペクトルの関係（**図2.10**）を考えるために，まず，人の発声メカニズムを見ていこう（図 (a)）。器官の入り口には声帯と呼ばれる2本のひだ状の器官がある。人間は声を出すとき，まず肺から空気を押し出し，その呼気によって声帯を振動させる。この声帯振動のパワースペクトルは図 (b) 左上のように周波数軸上で細かくギザギザした形をしている。このうち，先頭のピーク周波数を**基本周波数**（fundamental frequency）と呼ぶ。声帯振動自体はブザーのような音をしており，この時点ではわれわれが聞く音になっていない。声帯振動は，口腔や鼻腔などで構成される声道を通って口から発せられるが，このとき，声道内で声帯振動の特定の周波数が共鳴を起こす。声道の共振特性（フィ

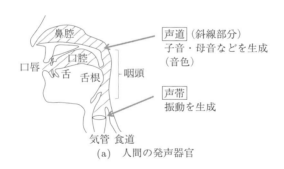
(a) 人間の発声器官

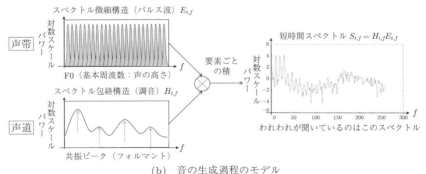
(b) 音の生成過程のモデル

図 2.10　人間の発声器官と音声のパワースペクトルの関係

ルタ）は複数の共振周波数でピークを持ち，緩やかな包絡を持っている。この共振周波数のことを**フォルマント**と呼ぶ。

声道という伝達特性はフィルタで表現できるので，音声の生成過程も音の伝達過程と同様にモデル化できる。フレーム番号 t，周波数ビン番号 f の STFT 領域で，声道特性を $H_{t,f}$，声帯振動特性を $E_{t,f}$ で表すと，生成される音声 $S_{t,f}$ は

$$S_{t,f} = H_{t,f} E_{t,f} \tag{2.15}$$

と表現できる。ただし，声道特性も時間変化するため，フレーム番号を付けている。この式の関係が図（b）に示されている。実際，このような声道と声帯振動の特性の関係を応用し，病気等で失った声帯の機能を代替するサポート機器なども存在している[†]。

つぎに，人の聴覚機能に関して説明しよう。耳の中の構造を**図 2.11** に示す。耳に到来した音は，外耳道を通って鼓膜を震わせる。鼓膜の振動は耳小骨によって増幅された上で内耳に伝わる。内耳には蝸牛と呼ばれる器官があり，伝わった振動はさらに蝸牛内の基底膜と呼ばれる器官を振動させる。ここで，基底膜上で振動が起こる位置は，音の高さ，すなわち振動の周波数によって異なる性質がある。基底膜は渦の外側では狭く，内側に進むにつれて広くな

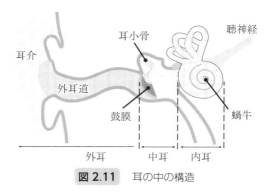

図 2.11 耳の中の構造

[†] 声帯の振動を機器で作り出し，音声を作り出すのである。「人工喉頭」などで Web 検索し，YouTube などでどのようなものなのか見ると理解が深まるであろう。

2.3 音声信号の伝達モデルと基本的な分析・特徴量

るような形をしているので，外側では高周波の振動に共振し，内側では低周波の振動に共振する。これはつまり，音信号が基底膜上の位置ごとの振動という形で，周波数ごとの振動成分に分解されているのである。このような周波数成分を計算する方法はすでに登場しており，離散フーリエ変換やSTFTなどが対応する。

〔2〕 **対数メルフィルタバンク特徴量** 対数メルフィルタバンク特徴量（log Mel-filterbank features）は，音源分離や音声認識において音声の特徴量として用いられる。**メルフィルタバンク**とは，人間の聴覚特性に基づいた設計されたフィルタバンクであり，フィルタバンクはスペクトログラム $S_{t,f}$ をフィルタリングするフィルタ群 $w_{i,f}(i=0,\ldots,I)$ のことを指す。つまり，変換後の i 次元目の特徴量 $F_{t,i}$ は周波数ビン番号について平滑化することで計算される。

$$F_{t,i} = \sum_k w_{i,k}|S_{t,k}| \quad (i=1,\ldots,I) \tag{2.16}$$

さらに対数を取った値が対数メルフィルタバンク特徴量である。これらの手続きのイメージと対数メルフィルタバンク特徴量を**図 2.12** に示す。パワースペクトログラムよりも対数メルフィルタバンク特徴量は，次元軸方向に関してぼやけていることがわかる。具体的なフィルタ $w_{i,f}$ の形状を理解するにはまず人間の聴覚特性を知る必要がある。

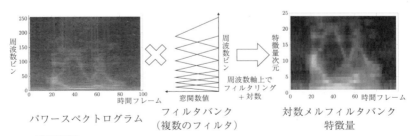

図 2.12 パワースペクトログラムから対数メルフィルタバンクへの変換

人間が感じる音の高さの変化と物理的な周波数の変化は一般に一致しない。具体的には，周波数が低い音が少し高い音に変化したとき，人の聴覚はその変

40　　**2.　音声信号処理の基本**

化を敏感に感じる。対して，周波数が高い音がさらに少し高い音に変化した場合は，低い音が変化したときと比べて，違いをはっきりと感じられない。つまり，人間の聴覚は，周波数が高い音になるほど，音の高さの変化に対して鈍感になるのである。人間は音声を認識できるので，低周波数帯域では細かい単位で集約し，高周波数帯域は荒い単位で集約しても構わないと考えられる。メルフィルタバンクはこのような考えに基づいて設計される。

　人間の聴覚特性を表す尺度の一つであるメル尺度に従って，メルフィルタバンクは設計される。**メル尺度**は，物理的な周波数の値を，人が知覚する音の高さに対応付ける関数である。この関数において，低周波数帯域の値は変化が大きいが，高周波帯域の値は変化が小さくなる。このメル周波数軸上で等間隔に配置された三角形型のフィルタ群がメルフィルタバンクとなる。物理的な周波数軸上では，低周波帯域に対するフィルタは狭い帯域にわたる三角窓であるが，高周波域に対するフィルタは広い帯域にわたる三角窓となっている。パワースペクトルの値はこれらの各フィルタを畳み込まれ，ある種のスムージングが施される。

〔**3**〕　**メル周波数ケプストラム特徴量**　　ケプストラム（cepstrum）をメルフィルタバンク特徴量に対して計算したものを**メル周波数ケプストラム**（Mel-frequency cepstrum coefficient，**MFCC**）[9]と呼ぶ。ケプストラムは，音声のスペクトルを声帯振動の成分と声道共振特性に分離する一つの手法であるケプストラム分析によって得られた声道特性成分のことを指す。声道の共振特性は音を区別する重要な手がかりであり，MFCC は音声認識でもよく用いられている。

　声道の共振特性はパワースペクトル上では緩やかに変化する成分であったことを思い出そう。対数パワースペクトルを，横軸を周波数，縦軸をパワーの値としてプロットすると，図 2.10 右のようになる。横軸を時間軸，縦軸を振幅値とみなし，パワー値の変化を時間波形のように捉えて考えると，共振特性は低周波数成分に集中していると考えられる。ケプストラム分析ではこの低周波成分を離散フーリエ変換や離散コサイン変換などで取り出す。音声の生成過程

のモデルに対して，パワーを計算した後に対数を取ろう。

$$\log |S_{t,f}|^2 = \log |H_{t,f}|^2 + \log |E_{t,f}|^2 \tag{2.17}$$

対数により積の関係が和の関係になるので，声道と声帯の成分が足し算で表現された。変化の速い成分＝声帯，変化の遅い成分＝声道，とみなし，低周波成分を抽出すれば声道特性が得られることになる。

ケプストラム分析をメルフィルタバンク特徴量に対して適用すればMFCCが得られる。計算の詳細は省くが，低周波成分の抽出には離散コサイン変換がよく利用される。

2.4 ディープニューラルネットワークとは

ニューラルネットワーク自体は元々脳の神経回路を模したモデルであるが，現在では非線形関数一般を表現するモデルと考えて差し障りない。理論的に任意の関数を近似できるとされており，入力・出力を対応付ける関数としてよく採用される。これらはつまり，先ほどから話に上がっている $y = f(x)$ や $p(y|x)$ といった関数を直接ニューラルネットワークでモデル化できることを意味する。特に，巨大な構造を持つニューラルネットワークを**ディープニューラルネットワーク**（deep neural network, **DNN**）と呼ぶ。特徴抽出や正規化などのパラメータもネットワーク構造に含めて最適化が可能であり，大規模な学習データが使える場合は高い性能を出すことができる。

本節では，まずニューラルネットワークの基本的な構造や代表的なネットワークについて説明する。ネットワークの入力は，特徴量や生の音響信号，文字・単語などのone-hotベクトルであったりする。これら入力と出力をつなぐ間の具体的な構造について簡単に触れておく。つぎに，ニューラルネットワークの学習について，ほぼ標準的な方法となっている確率勾配法に関して説明する。これら二つの要素がおおよそ理解できていれば，Pytorch等のライブラリを用いたニューラルネットワークの実装は容易となるであろう。

2.4.1 ネットワークの構造

〔1〕 **基 本 構 造** 最も基本的なモデル構造は線形変換と非線形変換（要素ごと）の層を繰り返すものである。全体で L 層あるニューラルネットワークにおいて，入力から出力を計算する手続き（前向き計算；forward propagation）はつぎのようになる。l ($l = 1, \ldots, L-1$) 番目の層の入力と中間出力のベクトルを便宜的に $\boldsymbol{x}_l, \boldsymbol{z}_l$ と表すと，

$$\boldsymbol{z}_l = \boldsymbol{W}_l \boldsymbol{x}_{l-1} + \boldsymbol{b}_l \tag{2.18}$$

$$\boldsymbol{x}_l = \boldsymbol{h}_l(\boldsymbol{z}_l) \tag{2.19}$$

という関係にある。なお，ベクトルの次元数などは適当に設定されているとする。ニューラルネットワークへの入力が $\boldsymbol{x}_0$ に対応し，出力が $\boldsymbol{x}_{L-1}$ に対応する。行列 $\boldsymbol{W}_l$ とベクトル $\boldsymbol{b}_l$ は第 l 層でのネットワークパラメータであり，それぞれ，入力 $\boldsymbol{x}_l$ のネットワーク的な意味での結合度合いを表す重み，活性化関数の前に与えるバイアス（オフセット）値を表す。図 **2.13** (a) が 3 層の場合におけるネットワーク構造であり，各層をつなぐ矢印がネットワークの重み＝行列 $\boldsymbol{W}_l$ に対応している。$\boldsymbol{h}_l$ は**活性化関数**（activation function）とも呼ばれるベクトル値の非線形関数であり，通常は各要素に対して独立に作用させる関数を使うことが多い。具体的にはつぎの〔2〕で紹介するが，おおよそ図 (a) に示すような関数が使われる。活性化関数には，閾値処理もしくは

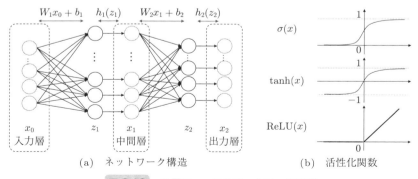

図 **2.13** 3 層ニューラルネットワークの例

「ON/OFF の選択」のような役割を持つ関数がよく選ばれる。このため，線形変換部では入力と重み行列の行ベクトル（の方向）との類似度を内積で測り，その成分の ON/OFF パターンを非線形変換部で判定しているとも解釈できる。ON/OFF パターンのそれまた ON/OFF パターンを繰り返し，入力ベクトルの空間を区切っているようなイメージである。

理論的には $L = 3$ 層で十分であるとされるが，この層数を非常に多くディープに設定するとさまざまなタスクで高い性能を出すことが確認され，現在では 3 よりも大きな値に設定することが標準となっている。ディープニューラルネットワークのディープはこの層の深さに由来している。なお，線形変換と非線形変換を必ず繰り返さなければならないという制約はない。

〔2〕 **活性化関数**　　活性化関数として用いられる典型的な非線形関数はいくつかある。具体的には，シグモイド関数 $\sigma(x)$，tanh 関数，ReLU 関数などがあり（図 2.13（b）），それぞれ以下のような式で表現される。

$$\sigma(x) = \frac{1}{1 + e^{-x}} \tag{2.20}$$

$$\tanh(x) = \frac{e^x - e^{-x}}{e^x + e^{-1}} \tag{2.21}$$

$$\mathrm{ReLU}(x) = \begin{cases} x & (x \geqq 0) \\ 0 & (x < 0) \end{cases} \tag{2.22}$$

シグモイド関数や tanh 関数は 0.5 や 0 を境界として，閾値処理するような曲線を描く。ReLU 関数はランプ関数とも呼ばれ，0 以下の場合は 0（OFF），それ以外の場合はそのまま値を通過させるような関数である。0 以下で定数（0）では具合が悪いこともあり，0 以下では非常に緩やかな傾きの直線を持つ Leaky ReLU 関数が使われることもある[†]。

〔3〕 **特殊な層や部分ネットワーク**　　先ほどの線形変換と非線形変換の 1 層は全結合層（fully-connected layer）と呼ばれるが，それ以外にも特殊な層

[†]　活性化関数自体も改良が重ねられているので，その時点で有効なものを使うというスタンスでよい。

がいくつかある。Convolutional neural network（**CNN**）[10), 11)] は，いわゆる n 次元の畳み込みフィルタをチャネル数 C 分持つような層である。音響信号処理だと，時間領域信号には 1 次元の CNN，スペクトログラムなどのデータには画像的にみなして 2 次元の CNN が適用される。音声特徴量で登場したフィルタバンク処理は，特徴量の次元数をチャネル数とした 1 次元 CNN でも表現できる。畳み込みの後に接続される Pooling 層は，Pooling 層への入力ベクトルの値をなにかしらの方法で間引いて出力する層である。例えば，入力の平均値を出力したり（average pooling），最大値を出力したりする（max pooling）。

特定の関数群や機構をまとめて一つのネットワークとして扱うことも多い（図 **2.14**（a））。例えば，Reccurent Neural Network（RNN）の一種である Long-short-term memory（LSTM）[12)] や gated reccurent unit（GRU）[13)] をはじめ，Residual Network（ResNet）などにおける Shortcuts 機構[14)]，BatchNormalization[15)]，Transformer や注意機構（attention）ネットワーク，自己注意機構（self-attention）ネットワーク[16)] なども特定の関数群で構成されたネットワークである。このように特定のネットワークをコンポーネント化しておけば，それらを組み合わせて合成することで，さらに複雑なネットワークを構築できる（図（b））。詳細な説明はここでは省くが，別のトピックが主題となっているときに，説明なくこのような特定のネットワークを指す単語が登場した際は，「既存のネットワークなのね」とさらっと読み進める

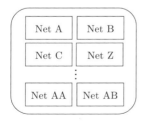

(a) コンポーネント

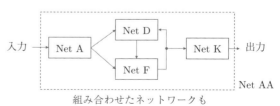

(b) 合成による複雑なネットワークの構築

図 **2.14** ネットワークコンポーネントとその合成

とよいだろう[†1]。実際，LSTM や GRU，BatchNormalization，Transformer といったネットワークは，Pytorch 等のライブラリで各ネットワークに対応するクラスがすでに用意されているため，自分で実装する際にも問題になることはない。このとき，「ネットワークを組み合わせる」は，ある関数（クラスのメソッド）の出力を，別の関数（クラスのメソッド）の入力に使う，という単純なことである。

RNN は系列データのモデルでもあるため，その概念はここで説明しておく。RNN は構造的には 3 層のニューラルネットワークであるが，中間層の出力ベクトル（状態ベクトル）が時刻に関して再帰的に入力される。入力や出力，状態ベクトルは系列データであり，それぞれ $\boldsymbol{x}_{1:T} = [\boldsymbol{x}_1, \ldots, \boldsymbol{x}_T]$ と $[\boldsymbol{y}_{1:T} = [\boldsymbol{y}_1, \ldots, \boldsymbol{y}_T], \boldsymbol{h}_{1:T} = [\boldsymbol{h}_1, \ldots, \boldsymbol{h}_T]$ と表すことにする。各要素 $\boldsymbol{x}_t, \boldsymbol{y}_t, \boldsymbol{h}_t$ は適当な次元数のベクトルである。このとき，時刻 t における，入力，隠れ状態，出力の関係は次式で表される。

$$\boldsymbol{h}_t = \mathbf{RNN}(\boldsymbol{x}_t, \boldsymbol{h}_{t-1}) \tag{2.23}$$

$$\boldsymbol{y}_t = \boldsymbol{g}(\boldsymbol{h}_t) \tag{2.24}$$

RNN, $\boldsymbol{g}$ は任意のベクトル値の関数であり，それらはなんらかのネットワークで表現されているとする[†2]。そこまでの系列データの情報が状態ベクトルに集約されていれば，$\boldsymbol{y}_t = \boldsymbol{f}(\boldsymbol{x}_{1:t})$ という関数を時刻に関して逐次的に計算するモデルであるといえる（forward RNN）。なお，系列データ全体が使えるのであれば，データの後ろから先頭に向かう（時刻を遡る）ような RNN も構築できる（backward RNN）。このような forward と backward を併用するモデルもあり，一般的に bi-directional という修飾語を付けて，例えば bi-directional LSTM（BLSTM），などと呼ばれるので覚えておこう。

〔**4**〕 **出力層の構造**　　ネットワーク構造はさまざまなものが提案されて

[†1] しかし，例えば，Transformer 自体がトピックのときにさらっと読み飛ばすのは当然ダメである。Attention, Transformer は 4 章で詳しい説明がある。

[†2] 中身の具体的な構成によって，LSTM や GRU のようなネットワーク名で呼ばれる。

46　　2.　音声信号処理の基本

いるが，出力層はその役割に応じて典型的な構造がいくつかある。それぞれ，恒等写像，ソフトマックス関数（シグモイド関数），確率分布のパラメータである。恒等写像は前段の層の出力をそのまま関数の出力とする構造で，回帰モデルの場合に用いられる。

　ソフトマックス関数（softmax function）は多クラスの分類問題において，条件付き確率 $p(y|x)$ を表現するために用いられる。例えば，ニューラルネットワークへの入力 $\boldsymbol{x}$ において，ソフトマックス関数の入力が $\boldsymbol{z}$ であるとき，$y = k$（$k = 1, \ldots, K$ はあるクラスを表現する番号）となる離散的な確率を次式で定義する。

$$p(y = k|\boldsymbol{x}) = \frac{e^{z_j}}{\sum_{i=1}^{K} e^{z_i}} \tag{2.25}$$

この式の分母は，確率値の和が 1 となるための正規化の役割を果たす。ソフトマックス関数自体は，このような確率的解釈に基づく演算を行う Attention ネットワークにおいても出現するので覚えておこう。なお，この確率値を各要素に持つベクトルを考えれば，ソフトマックス層もベクトルを入力して，ベクトルを出力する関数として扱える。

　回帰モデルにおける確率分布を表現する場合，通常その分布パラメータをニューラルネットワークで予測する[17),18)]。このとき，出力値を制限するような機構を導入することも多い。例えば，ガウス分布の共分散パラメータの行列 $\boldsymbol{\Sigma}$ をニューラルネットワークで予測する場合，つまり，入力値 $\boldsymbol{x}$ から，あるネットワークで表現される関数 $\boldsymbol{f}$ を用いて $\boldsymbol{\Sigma} = \boldsymbol{f}(\boldsymbol{x})$ と予測する場合，分散の性質から非負値を出力する必要がある。この場合，指数関数 $\exp(x)$ や ReLU 関数といった非線形関数を用いて値域に制限を加えることが多い。

　最終層のネットワーク構造を枝分かれさせることで，複数の情報を出力することもできる（図 **2.15**）。例えば，音源分離において，2 種類の音源信号を出力させたいことがある。このとき，一つ目の音源を出力させるノードと，二つ目の音源を出力させるノードを設定すれば，2 音源分の信号が出力できるネットワーク構造が設定できる。ただし，どの音源信号がどの出力ノードに出てく

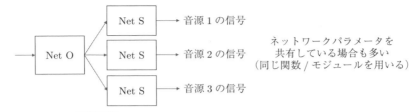

図 2.15 出力層の分岐例：音源分離やマルチタスク学習

るかは通常わからない点には注意が必要である。つまり，出力の**パーミュテーション**（順序）が決定できないということである。これがどこでどう問題になるのか，どう解決されるのかは次章以降で説明する。なお，取り組むタスク設定によっては出力順序を決定付けることが可能である。例えば，複数のコスト関数を用いるようなマルチタスク学習，音源種ごとに出力ノードを設定できるようなタスク（音声と非音声に分離したい場合や，楽器ごとの信号に分離したい場合）などではパーミュテーション問題は起きないので，特に気にしなくてよい。

2.4.2 ネットワークの学習

〔1〕 **確率的勾配法**　ディープニューラルネットワークの学習フェーズで用いられるコスト関数や学習アルゴリズムも基本的なものがいくつかある。ここではモデルパラメータを Θ で表し，学習用のデータ点 $(\boldsymbol{x}, \boldsymbol{y})$（それぞれ $\boldsymbol{x}$ は入力値，$\boldsymbol{y}$ は正解値を表すベクトル）が与えられているとする。入力 $\boldsymbol{x}$ に対するモデルの出力値を $\hat{\boldsymbol{y}}$ で表し，Θ は乱数等でなにかしらの初期値を与えられていると仮定する。また，コスト関数 J は値が小さいほうがよいことを表すとする。具体的なコスト関数として，回帰問題では（平均）**二乗誤差**（mean squared error, **MSE**），分類問題では**クロスエントロピー**（cross entropy）[†]がよく用いられる。一つのデータ点についてはそれぞれ

[†] 正解値に関して曖昧性がない場合，$\boldsymbol{y}$ は one-hot ベクトルとなり，この式は正解のインデックス番号 k の項だけ $-\log \hat{y}_k$ になる。ラベルスムージング等の場合では元の式が使われる[19]。

48　　2. 音声信号処理の基本

$$J(\boldsymbol{\Theta}|\hat{\boldsymbol{y}}, \boldsymbol{y}) = ||\boldsymbol{y} - \hat{\boldsymbol{y}}||^2, \tag{2.26}$$

$$J(\boldsymbol{\Theta}|\hat{\boldsymbol{y}}, \boldsymbol{y}) = -\sum_i y_i \log \hat{y}_i \tag{2.27}$$

と表される関数である。ここで，$||\cdot||$ はユークリッドノルムを表し，$y_i, \hat{y}_i$ は $\boldsymbol{y}$ や $\hat{\boldsymbol{y}}$ の i 番目の要素である。クロスエントロピーの場合，$\boldsymbol{y}, \hat{\boldsymbol{y}}$ の値は離散的な確率値であることが仮定されるため，各ベクトルの要素の合計値は 1 である必要がある[†1]。これらの関数の値が小さいほど，出力値や予測値が良いので，より小さいコスト関数値を与えるパラメータが良いことを示す[†2]。これらのコスト関数も Pytorch 等のライブラリには通常実装されているので，利用するのは容易である。

　学習アルゴリズムは，**誤差逆伝播法**（バックプロパゲーション，**back propagation**）と**確率的勾配法**（stochastic gradient descent, **SGD**）[20),21)] をベースとしたものが主流である。最も基本的には，各データ点 $(\boldsymbol{x}_n, \boldsymbol{y}_n)$（$n = 1, \ldots, N$）に対してパラメータの勾配を計算し，現在のパラメータ値に加算する[†3]。

$$\boldsymbol{\Theta} \leftarrow \boldsymbol{\Theta} - \alpha \frac{\partial}{\partial \boldsymbol{\Theta}} J(\boldsymbol{\Theta}|\hat{\boldsymbol{y}}_n, \boldsymbol{y}_n) \quad (n = 1, \ldots, N) \tag{2.28}$$

ここで，記号 $y \leftarrow x$ は，右辺の値 x で左辺の変数 y の値を更新することを意味する[†4]。α は学習係数と呼ばれ，更新幅を調整するハイパーパラメータである。この値はモデルや学習用のデータセットによって微調整することが望ましい。なお，各データ点の勾配に基づいてパラメータを更新するため，データセット全体の誤差 $J(\boldsymbol{\Theta}|\hat{\boldsymbol{y}}_{1:N}, \boldsymbol{y}_{1:N})$ が必ずしも下がる方向に更新されるわけ

[†1]　このような仮定や前提を確認せずにライブラリの関数を使うことは，手法がうまく動かない原因になるのでやってはいけない。

[†2]　training set に対するコスト関数値だけでは過学習の可能性もあるので，実際には validation set に対するコスト関数の値もモニタリングする。

[†3]　実際はランダムにデータ点を選択して処理する。

[†4]　プログラミング言語では，代入の記号 = などに相当する。

ではない．ある種のランダム性を持った更新（勾配）であるため，全体の誤差から計算した勾配を用いる場合よりも，局所解に陥りにくくなるような振る舞いも期待される．

このようなパラメータ更新則をすべての学習用のデータ点に対して実行し，なにかしらの停止条件を満たすまで繰り返すことになる．例えば，コスト関数の値が十分大きく/小さくなった場合や，検証用データセットに対する評価尺度が更新されなくなった場合などがある．なお，この繰り返し回数を**エポック**（世代，**epoch**）と呼び，1エポックはデータ点全体を1通り使ってパラメータ更新する処理のことを指す．これらの手続きによる学習の全体像を図 **2.16** に示す．実際の学習ではこのような単純な勾配を用いるのではなく，更新量を自動調整する手法（AdaGrad[22]，Adam[23]）や学習係数のスケジューリング，L1/L2 正則化，勾配の値を閾値処理する gradient clipping[24] といった手法などを併用する．さらに，複数のデータ点に関して平均化した勾配を用いるミニバッチ処理で実装することが多い．**ミニバッチ処理**は GPU などの並列計算能力を生かし，複数のデータ点に関する勾配を同時に計算することで処理効率を高めるための実装である．これらの基本的な手法は Pytorch といったライブラリには通常実装されているので，学習の際にはこのようなさまざまなオ

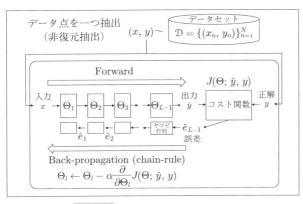

図 2.16 確率的勾配法とバックプロパゲーションに基づくネットワーク学習のフロー

プションが存在していることを頭に入れておけばよいであろう。

〔**2**〕 **自動微分とライブラリ** バックプロパゲーションの由来は，コスト関数の「誤差」を出力から入力に向かって各層で伝播させていくことで，各層のパラメータ $\boldsymbol{\Theta}_l$ に関する勾配を計算する点にある。数理的にはチェインルールを用いて，各層の誤差 $\boldsymbol{e}_l$ とパラメータ $\boldsymbol{\Theta}_l$ の勾配を計算することに対応している（図 2.16）。しかし，何層もある非線形な関数の勾配の式を事前に導出し，それを実装するのは骨が折れる。実際，バックプロパゲーションのために各層のヤコビ行列を計算しておくことになるが，層の種類ごとにあらかじめ手計算で導かなければならない。新しいネットワーク構造はつぎからつぎへと提案されるため，そのたびに自分で実装することは困難である。

Pytorch などのライブラリでは，**自動微分**の機能が備わっており，バックプロパゲーションによる勾配計算を自動で行ってくれる。たいていの場合，ネットワーク構造やコスト関数を既定し，入力値から出力値へ前向き計算させるだけで，関係するパラメータの勾配をバックプロパゲーションで計算できる状態になる。ユーザは勾配やその計算をまったく意識しなくてよいのである。そのため，ディープニューラルネットワークの確率勾配法に基づく学習の実装は，非常に簡単化されている。Python のコードが書ければだれでも手軽に機械学習が行える時代なのである。

〔**3**〕 **fine-tuning** 多くのタスクにおいて，大規模なデータであらかじめ学習したディープニューラルネットワークモデルのパラメータ（事前学習済みパラメータ）が公開されている。事前学習済みパラメータを学習の際の初期値として活用し，モデルパラメータを目的のデータセットでさらに調整することは応用上多い。これを**ファインチューニング**（fine-tuning）と呼ぶ。例えば，ニューラル言語モデルは通常，個人では実施できない大規模なテキストデータを用いて，大規模なネットワーク構造を持つモデルで学習される。このようなモデルでは，単語や単語列のパターンなどについてある程度網羅しており，それらの情報がモデル内部に蓄えられていると考えられる。また，音声認識や音響関係のモデルでも，正解データがない大量のデータを用いた自己

教師あり学習により，音響パターンを捉えるようなパラメータを学習させたりしている。これら事前学習済みのパラメータをうまく活用すると，目的のデータセットが小規模でも高い性能を出すことができる。通常の学習フェーズと異なるのは，モデルのパラメータの初期値のみである。自己教師あり学習について，第4章で取り上げる。

Fine-tuning の際に，ネットワーク構造に関するデータセットやタスクに合わせた工夫を行うこともある。例えば，一部の部分ネットワークのパラメータを更新しない（freeze）といったことや，パラメータを学習させる新たなネットワーク（adapter）を接続する[25)~28)]といったことである。目的のデータセットのサイズが小さい場合は，正則化といったコスト関数での工夫[29),30)]のほか，このようなネットワーク上での工夫もあることを覚えておくとよい。

2.5 データの準備・生成

音源分離・音声認識ではモデルの学習や評価にデータセットを用いることが多いが，実際の応用の特性に近いものに準備することが望ましい。広く使われている標準的なデータセットでモデル学習を行い，評価用セットにおける性能がよくても，実際の応用におけるデータセットで性能が出るとは限らない。例えば，残響を含まない音声データセットで音声認識モデルを学習しても，実際のデータが残響を含む音声データであった場合，音声認識精度は大きく低下する。この場合，残響を含む音声データを学習データセットに加えて，モデルを学習すべきである。

伝達過程（音源の動き，残響，雑音種）の観点では実際の収録が理想的であるが，データ収集の時間コストを考えるとシミュレーションでの生成が現実的である。大量のデータが必要となるモデル学習では特にシミュレーション生成のほうがさまざまなバリエーションデータが生成できる。とはいえ，簡単な評価のために，いくつかのパターンは実際に録音し，どのような挙動をするか手元で確認することは実施すべきであろう。この手続きは実際に動くものを作る

52   2. 音声信号処理の基本

☺ リアルなデータ
☹ 収録コスト：高
　（バリエーションも限界）
☹ 正解データの準備に
　工夫は必要

☺ リアルな伝達特性
☺ 正解データの準備が容易
☺ 収録コスト：中
☹ スピーカ特性の影響
　音源位置の揺らぎの有無

☺ 収集コスト：小
☺ 正解データの準備が容易
☺ バリエーション：大
☹ リアルなデータとの乖離
　（モデルが不正確な場合）
　マイク特性，残響パタン，etc…

(a)　実収録　　　(b)　スピーカ再生収録　　　(c)　シミュレーション生成

図 2.17　データセット構築に対するおもなアプローチ

うえで非常に重要である。大まかな収集方法を図 **2.17** にまとめておく。

2.5.1　実　収　録

図 2.17（a）のように実際にデータを録音する場合，いくつか注意すべき点がある。録音設定を間違えると，音源分離や音声認識が正しく動作しないこともある。なお，収録に使う音源は，実在の音源を用いる場合と，スピーカから音を流す場合（図（b））がある。前者のほうが理想的だが，再現性や収録コストの面で難しい場合もあろう。それぞれのメリット・デメリットを考慮して，目的に合致したデータを収録するようつとめることが重要である。

マイクに関しては指向性マイクと無指向性マイクがあり，録音に用いるマイクがどちらであるかまず確認しよう。指向性マイクでは特定方向から到来する音を強調・抑圧する効果があるが，これはつまり音の到来方向によって音の周波数特性（伝達関数）が変化するということである。音源分離や音声認識のモデルを通常のクリーンな音声データで学習している場合，実際の入力とモデルの間でミスマッチを引き起こす原因となりうる。マイクの仕様書に周波数特性が記載されていることも多いので，確認しておくとよいだろう。

複数のマイクを用いる場合は，マルチチャネルに対応したオーディオインタフェースを利用するとよい。このようなインタフェースではマイク間の時間同期を適切に行ってくれる。その時間同期が狂っているとマイク間の音の到来時間差も当然狂うため，複数のマイクを用いた音源分離手法はまったく動かない

2.5 データの準備・生成   53

こともあり得る[†1]。

録音の際は音量調整とサンプリング周波数に注意が必要である。例えば，16 ビット量子化の場合，音量が適切に調整されていないとクリッピングされたり，音量が小さすぎて信号がつぶれることもあり得る。そのため，試しに録音した波形のプロットを目で見て確認し，音量設定が適切か確認することは非常に重要である。また，サンプリング周波数も，音源分離・音声認識のモデルで想定する値と合致するように設定しておく必要がある。サンプリング周波数が高い分にはダウンサンプリングなどの信号処理技術[†2]で事後的に下げることはできるが，収録の際に低く設定してしまった場合，失われた高域成分を復活させることはできない[†3]。なお，なにも考えず・なにも確認せずに「生の波形データの配列要素を一つ飛ばしで間引く」などということだけは，やってはいけないので注意すること。

収録機材によっては自動もしくは設定によっては，特殊な処理が行われる場合もあり注意が必要である。例えば，ボイスレコーダなどでは，雑音抑圧機能，ゲイン自動調整，圧縮保存機能などが付いていることが多い。学習データと評価データでそれらが同じ設定であれば問題ないが，そうでない場合はやはりモデルミスマッチを引き起こす要因となる。特に圧縮保存形式が不可逆の場合，その変換の非線形性からこれまで説明した各種モデルの特性（スペクトルパターンや伝達特性）が壊れる可能性が高い。このような理由から pre-trained されたモデルを使う場合，特殊な機能は切った上で評価用データを録音するのが望ましい。

インパルス応答も対象の環境で測定できる。この場合，録音再生で同期が取

[†1] ブラインド音源分離などでは伝達関数や分離行列も推定するので，マイク間の時刻のズレが微小で変化せず一定なのであれば，問題にならないこともある。モデルの仮定や STFT での窓長などのパラメータ設定にも依存するので注意が必要である。一方で，非同期であることを前提とした研究[31]も行われている。

[†2] たいていのライブラリには，アップ・ダウンサンプリングが行える resample というモジュールがあるので，モジュールの入出力の仕様を確認した上で使うとよい。

[†3] 機械学習技術で欠損値を補完する技術や研究はあるが，まずはキチンとしたデータを収録すべきである。

54　　2.　音声信号処理の基本

れるデバイスを利用することが望ましい。詳細は別の書籍にゆずるが，インパルス応答測定が可能な場合，シミュレーションで生成できるデータのバリエーションに幅が出るであろう。

2.5.2　伝達系の再現

実録音とは異なり，さまざまなバリエーションをシミュレートすることで低コストで生成できる（図 2.17 (c)）。例えば，音源種，音源位置，雑音種，雑音と音源の音量比など，自由に変化させることが可能である。音源分離や音声認識のモデルをさまざまなデータから学習したい場合は特に有効である。特に，実際に動くシステムを構築したい場合はいろいろなデータでモデルを学習させておくことは不可欠である。例えば，ディープニューラルネットワークの場合，工夫がないと学習データの収録環境の特性（マイクやスピーカの周波数特性，部屋の残響パターンなど）まで学習してしまい，実際のデータでうまく動かないということもあり得る。あらかじめさまざまな伝達特性を学習しておけば，そのような状況に陥るリスクを事前に低減できるであろう。実収録したインパルス応答を利用する方法と物理シミュレーションで生成する方法の二つがある。

実収録のインパルス応答は，収録にコストがかかるが，伝達特性の再現度が高い。複数のマイクロホンがロボットなどの物体に埋め込まれている場合では，各方向によって伝達特性が複雑に変化する特徴がある。また物体の素材や形状によっても伝達特性は変わってくるであろう。実際にインパルス応答を測定することで，このような複雑な伝達特性も正確に再現できる。インパルス応答の測定方法などについては，例えば文献 3) などを参考にされたい。また，一般的に公開されていることもあるので，必要に応じて活用するとよい。無響室で収録された残響時間の短いもの[†1]から，シミュレーションや通常の部屋で収録された残響時間の長いもの[32][†2]までさまざまである。このとき，測定環

[†1]　頭部伝達関数（HRTF）- https://sound.media.mit.edu/resources/KEMAR.html
[†2]　https://www.openslr.org/28/

境や残響時間，マイクと音源との位置関係，マイクアレー（マルチチャネル）場合は特に各マイクの配置などを確認しておくとよいだろう[†1]。

物理シミュレーションでは，データの収集・生成コストは低いが，伝達特性の再現度は高めることは難しい。通常，マイクの配置，部屋の大きさ，壁の材質などのパラメータを設定した上で，ソフトウェア上でインパルス応答を合成する。移動音源のシミュレートも簡単に行えるソフトウェアもある。一方で，実環境に伝達特性を近づけたい場合，各種パラメータ設定を細かく行わなければならないこともある。そのような設定をデータに基づいて行うのが，ある意味インパルス応答を実際に測定することに対応する。具体的なソフトウェアとしては，pyroomacoustics[†2]やgpuRIR[†3]などがあるので，試してみるとよいだろう。

2.5.3　音源データ

音源データは，コーパスとして販売されている音源や，Web上で公開されているフリー音源を使える。近年は，さまざまな言語の音声データや非音声データも公開されてきており，さまざまな研究が活性化されている。例えば，英語の音声コーパス LibriSpeech[†4]や雑音データセット WHAM![†5]，音楽データ MUSDB[†6]なども研究用途で自由に利用できる。このように，音源データの準備や収集自体にコストをかける必要はなくなってきている。なお，実際にこれらを使う場合はサンプリング周波数等の設定に注意を払う必要がある。

もちろん，自前でリアルな音源データを収録することもあるだろう。伝達特性を含むデータがほしいのか，含まないデータがほしいのか，で収録方法を変えたほうがよい。例えば，伝達特性をインパルス応答で再現する予定であれ

[†1]　インパルス応答の保存形式やプログラムでの読み込み方法にも注意が必要である。正しく読み込めたかどうか，時間波形をプロットして目で見て確認したほうがよい。

[†2]　https://github.com/LCAV/pyroomacoustics

[†3]　https://github.com/DavidDiazGuerra/gpuRIR

[†4]　https://www.openslr.org/12

[†5]　http://wham.whisper.ai/

[†6]　https://sigsep.github.io/datasets/musdb.html#musdb18-compressed-stems

56　2.　音声信号処理の基本

ば，接話マイク等を用いて音の発生源に近い位置（口元など）で録音すべきである。これら収録の際の注意点は 2.5.1 項で述べている。

　手元にある音源データやそのパターン自体を増やすこともでき，それらを学習用データとして使うことも多い。いわゆる**データオーグメンテーション**（data augmentation）と呼ばれる手法である。特殊な収録環境や音声データのためデータ量が少ない場合は特に有効である。音声信号に対してピッチや話速などを変調すれば，声の特性が変わった音声信号を生成できる。ESPnetなどでは，話速変換によってデータを増量したのち，学習プログラム内でもSpecaug と呼ばれるデータ変換を適用して，モデルの頑健化を図っている。このような手法の詳細は 5 章で紹介する。音声合成が利用できる場合は，さまざまなテキストデータに対する音声信号を自由に生成できる。元々の音声データに含まれてない単語や発音列も生成することで，音声認識精度を向上させる取り組みもある。ディープニューラルネットワークを応用する場合，特に独自のデータセットを使う場合，「学習データが少ないのでは」と勘ぐることは意外と多い。そのときはこのようなアプローチを適用することも検討されたい。

第 **3** 章

音源分離：音を聞き分ける

入力信号から音を聞き分ける処理は大きく分けて 2 パターンがある。

- 個々の音源信号をすべて分離
- 特定の音源信号を抽出/抑圧

一つ目は，音環境分析やダイアリゼーションなどのタスクへ応用できる。マイクで収録された混合音に対して，すべての音源信号を分離し，必要に応じて音声認識や環境音認識を行う。二つ目は，音声対話システムや雑音環境下での音声認識，携帯電話やノイズキャンセリングヘッドホンなどで必要となる。これらでは，聞き取りたい信号や抑圧したい信号が決まっており，多くはある話者の音声を聞きたい，もしくは，音声以外の信号を抑圧したいことが多い。区別したい音源と同種の音源が入力信号に含まれているか否かも重要となる。

目的とするタスクや処理の対象となる信号ごとに，仮定や前提，活用できる情報などが異なる。本章では，まず伝統的な手法を，つぎに深層学習に基づく手法を説明する。前者では，信号の特徴を特徴量やモデルへ陽に反映させることも多い。後者では，そのような特徴も大量のデータから暗に学習させることが多いので，音声や音楽といった信号の特性・特徴によらず適用できることもある。

実践に重きを置くため，Python で公開されているライブラリ，具体的には Pyroomacoustics，asteroid，speechbrain で利用可能な手法をおもに取り上げる。要点と全体像をつかむために，前半は音源処理をつかむための概要や基本的な技術，概念を説明する。後半では個別の技術について概要を説明し，具体的なライブラリの利用方法を交えて各目的の実現方法を紹介する[†]。

[†] ライブラリのインストールまでは事前に行われていることを想定している。

3.1 音の聞き分け処理の概要

ここでは，応用する際に検討すべき項目を説明し，本書で扱う具体的なタスク設定について説明する。また，具体的な評価尺度に関しても，応用の際に考えるべき項目であるため，ここで説明しておく。現在，ディープニューラルネットワークの発達もあり，音の聞き分け処理に関する手法は日進月歩でさまざまなものが提案されている。本節の内容が，その中から自分の応用に適したものを選択する際に役立てば幸いである。

3.1.1 応用する際の事前検討

音を聞き分けるための手法は数多くあるが，あらゆる場面で使えるような万能手法は多くはない。また，手法ごとに，得手不得手，音源の性質に関する仮定，必要なデバイスなどは異なる。パフォーマンスを十分に引き出すためには，ユーザ自身が手法の特性を把握し，利用状況に合ったものを選択する必要がある。最新手法を誤って使うよりも，伝統的な手法を適切に使うほうが，使い勝手や性能の面からよい場合もあるからである。おもに以下の (a) 〜 (c) の 3 点を把握しておくとよい (図 3.1)。

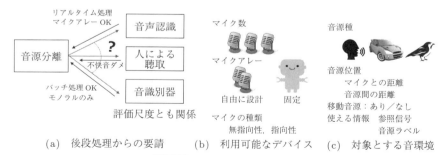

図 3.1　事前検討事項の概要

(a) 後段処理からの要請：聴取，認識，バッチ処理/オンライン処理, etc...
(b) 利用可能なデバイス：マイク数

（c） 対象とする音環境：音源種，音源位置，移動音源の有無，参照信号の有無

（a） 後段処理からの要請　　入力信号から音を聞き分ける処理では，分離した音を後段でどのように用いるかを考える（図 (a)）。これは逆にいうと，後段の処理が要求する「信号の質」に応じて，音の聞き分け手法を選択すべきだといえる。例えば，一般的に音の聞き分け処理は完全ではなく，その信号には「歪み」が含まれる。この歪みには，ほかの音源信号の消し残り，非線形処理に起因するミュージカルノイズなどがあり得る。もし，人による聴取を想定するならば，人が不自然に感じるミュージカルノイズによる歪みは抑えるほうが望ましい。一方，歪みに頑健な音声認識を想定するならば，歪みの種類にはあまり気を使わなくてもよいこともある。その場合，全体最適化を行うことでさらに性能を向上させるという選択肢もある。さらに，音声対話といった実時間で動くシステムを想定する場合，処理遅延を抑えるために，全体としてバッチ処理ではなくオンライン処理・ストリーミング処理が望まれる。

（b） 利用可能なデバイス　　利用可能なデバイスを検討する（図 (b)）。応用によっては，利用できるマイクロホン数やオーディオインタフェースに制限がかかることもあるだろう。一つのマイクロホンしか利用できない状況では，当然複数のマイクを用いる手法は適用できない。複数のマイクロホンを用いる場合でも，用いるマイクの本数やアレー形状，マイクの設置場所に分離性能は影響される。さらに，指向性マイクか無指向性マイクかという選択肢もあり得る。また，音響信号が非可逆圧縮形式で保存されている場合，スペクトル情報が壊れていたりするため，多くの手法はそのままではうまく動作せず，失われた情報への対応が必要となる。

（c） 対象とする音環境　　対象とする音環境の特徴を具体化する（図 (c)）。まず，扱いたい音源種に制限があるかどうかは重要である。例えば，観測信号に音声信号は 1 名分しか含まれず，雑音は非音声信号のみという状況は大きな事前情報になる。また，音源位置に関しても，特定の位置に留まっているのか，移動するのか，これらは難易度に大きく影響する。参照信号が使え

る場合はその情報も活用すべきである。例えば，音声対話システムではシステム自身の発話とユーザ発話がマイクに入力される。システム自身の発話は内部で生成しているため，音の聞き分け処理においても参照信号として活用できる。

3.1.2 おもなタスク設定

エコーキャンセラ，狭義の音源分離，音声強調の三つのタスクを取り上げ，その入出力や仮定について整理する（図 3.2）。この三つのタスクをカバーしておけば，おおよその実応用は対応できる。また，各手法の説明を読む上でも，具体的なイメージを思い浮かべる手助けになるであろう。実際の実装は本章の後半でまとめて取り上げている。

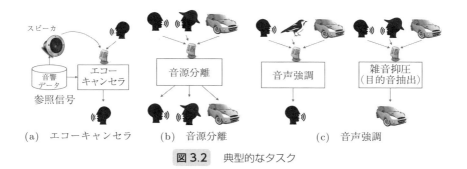

図 3.2　典型的なタスク

〔1〕 エコーキャンセラ：既知信号の抑圧　　エコーキャンセラ（echo canceller）は，入力信号に混入している既知の信号（本章では参照信号と呼ぶ）を除去するタスクである（図 (a)）。例えば，会議や発表の場で，スピーカがハウリングを起こした場面に遭遇した経験はあるであろう。スピーカの音がマイクに入力され，その音が増幅してスピーカから出力される，が繰り返されて起こってしまう。また，対話ロボットなどでは，スピーカから出力されるロボット自身の発話がマイクに入力されてしまい，音声認識を誤動作させてしまう。このような状況は解消されるべきである。

マイクの入力信号からスピーカから出力された信号成分をキャンセルでき

れば，ハウリングや自身の発話による誤認識を防ぐことができる。スピーカから出力される音信号は，原理的には内部で保持できる既知の信号情報（参照信号）である。入力信号から参照信号を減算すればよさそうに思えるが，それだけではキャンセルできない。なぜなら，参照信号がマイクに入力されるまでの伝達経路を考慮していないからである。マイクへの到達時間や減衰，反射成分など，つまりインパルス応答を推定した上で，参照信号成分を減ずる必要がある。このとき，マイク入力には，参照信号のほか，人の音声や雑音なども含まれることがあることに注意が必要である。

これらの設定をまとめると，エコーキャンセラは以下のような問題となる。

- タスク：マイク入力から参照信号成分を除去する
- 入力：伝達経路を経た参照信号 ＋ その他の信号
- 出力：その他の信号，もしくは参照信号の伝達特性（インパルス応答）
- 仮定：参照信号が既知。また，逐次処理を前提としている手法も多い。

「参照信号が既知」であるため，この問題は伝達経路の教師あり学習に分類されるが，事前学習ではなく，その場の入力信号に対して適応的な学習が行われる。なお，エコーキャンセラはいわゆる適応フィルタと呼ばれる技術に分類される。マイク入力信号はモノラルでも，マルチチャネルでも構わない。

〔**2**〕 **音源分離：全信号を抽出** ここでの狭義の**音源分離**（sound source separation）は，マイクの入力信号に含まれる音源信号をそれぞれ分離するタスクである（図 (b)）。例えば，会議の録音データの自動書き起こし（音声認識）などでは，発話者ごとの音声信号に分離されていると処理が簡単化される。また，音楽音響信号の分析などでは，楽器ごとに信号を抽出したいこともあるであろう。純粋に，カクテルパーティ効果を計算機で実現したいという動機でも取り組まれている。

単一マイク入力（モノラル）と複数マイク入力（マルチチャネル）では使える情報が異なるため，音源分離手法の設計が大きく異なる。モノラル設定では，基本的には音源自体の性質を活用して信号をすべて分離する必要がある。そのため，多数の音源が存在している場合の音源分離は特に難しい。音源の性

質を事前学習する等に加え，音楽を対象とした音源分離では楽譜情報を援用することもあり得る。対して，マルチチャネル設定では音の到来方向情報を活用して分離できるため，音源の性質への依存性が相対的に低い手法が多い。一方，方向性を持たないような拡散性の到来信号や雑音を分離することは基本的には容易ではない。また，性能がマイク配置によって変化するという特徴もある。自身が実現したい機能と使える情報がなにかを整理した上で，適用する手法を検討することを推奨する。

　これらの設定をまとめると，音源分離は以下のような問題となる。

- タスク：マイク入力に含まれる異なる音源信号をすべて抽出する
- 入力：複数の音源信号 ＋ 背景雑音信号
- 出力：それぞれの音源信号
- 仮定：手法に依存-モノラル/マルチチャネル，音源方向情報，特定音源の特徴，楽譜情報を併用する場合もある逐次処理を前提とした手法は相対的に少ない。

　エコーキャンセラと異なり，モノラルかマルチチャネルかという前提は，応用を考える上で大きな違いとなる。また，背景雑音や拡散性雑音，残響成分を抑圧するのかどうかも手法によって扱いが異なるので注意が必要である。

〔3〕　音声強調：特定信号の抽出　　音声強調（speech enhancement）は，マイクの入力信号に含まれる目的話者の音声信号を抽出するタスクである（図(c)）。目的話者以外の信号は基本的にまとめて雑音信号として扱うことが多い。例えば，音声認識や対話ロボットなどにおいては，ユーザ以外の話し声や背景雑音を抑圧して，ユーザの音声信号だけを抽出したい。このとき，音声ではなく雑音の状態に着目すると，雑音を抑圧するタスク（本章では雑音抑圧とも呼ぶ）とも捉えられる。より一般的に，特定の話者であったり，特定の楽器音を抽出したかったり，特定の動物の鳴き声を抽出したいこともあるだろう。多くの場合，音声強調における「目的話者」を「特定の楽器音」や「特定の動物の鳴き声」に読み替えることで，音声強調と同様のタスクとして扱える。つまり，マイク入力信号に，目的の音源信号とそれ以外の種類の信号が混入して

いることを想定したタスクともいえる。目的の信号や雑音信号に着目している点が，狭義の音源分離とは異なる点である。

このタスクでは，結果的に音源分離手法をこのタスクへ特化した形で用いることが多い。例えば，モノラル音源分離では音源の特徴を活用して分離するが，「音声とそれ以外の音に分ける」という枠を当てはめて考えると，音声強調に用いることができる。ほかにも，正面方向から到来する音声信号だけ抽出し，それ以外の方向からくる音信号は棄却したい場合，マルチチャネル音源分離を適用して音声強調を実現できるであろう。抽出対象の信号の特徴を機械学習でモデル化するような手法では，データさえ準備できれば，楽器音であったり，動物の鳴き声であっても，同様の枠組みをこのタスクへ適用できる。

これらの設定をまとめると，音声強調・雑音抑圧は以下のような問題となる。

- タスク：マイク入力に含まれる特定の音声信号を抽出する
- 入力：特定の音声信号 + それ以外の信号（雑音）
- 出力：特定の音声信号
- 仮定：手法に依存–音源方向情報，特定話者/音源の特徴を併用する場合もある

音源分離と同様，残響成分を抑圧するのかどうかには注意が必要である。背景雑音や拡散性の到来信号・雑音などの扱いは目的に依存し，目的の信号とする場合，それ以外の雑音信号とする場合の両方があり得るであろう。

3.1.3　音源分離で用いられるおもな評価尺度

音源分離技術は信号の分離や復元を行うが，その質はどのように評価されるだろうか。目的に応じてその評価尺度は異なるが，ここではよく用いられる三つの尺度を取り上げる。

- 信号誤差に基づく尺度
- 聴感的な品質を考慮した尺度
- 識別器の認識率に基づく尺度

64　　3. 音源分離：音を聞き分ける

　これら以外にもさまざまな尺度があるが，自身の目的に沿うような尺度を選択して値を示すことが重要である。教師あり学習の際のコスト関数として使われることも多い。本項では，基本的に時間領域の信号を対象とし，ベクトル s などで表記された信号は適当な長さ（次元数）の時間領域モノラル信号を表すものとする。

〔**1**〕**誤差に基づく尺度**　　基本的には，正解となる元の信号データを用いて「正解にどれだけ近いか」を定量評価する。正解の信号データ以外に，雑音を含む他の音源に関する元の信号データや伝達過程も既知の場合[†]，誤差の内訳をより細かく評価することができる。誤差の扱い方によって，**信号対雑音比**（signal-to-noise ratio，**SNR**），signal-to-interference ratio（**SIR**），signal-to-distortion ratio（**SDR**）といった尺度が用いられる。ここでは Python の mir_eval ライブラリで採用されている文献 33) の定義に従って説明する。まず，目的の源信号 s に対する推定信号を $\hat{s}$ と表し，それがつぎのように分解されると仮定する。

$$\hat{s} = s_{\text{target}} + e_{\text{interf}} + e_{\text{noise}} + e_{\text{artif}} \tag{3.1}$$

ここで，s_{target} は源信号 s に対して振幅などの変換を許容した信号，e_{interf} は干渉信号成分，e_{noise} は雑音信号成分，e_{artif} はミュージカルノイズといった処理に起因する歪み成分を表す。これらの成分がかりに得られたとして，SDR, SIR, SDR はそれぞれ以下のように定義される。

$$\text{SDR} := 10 \log_{10} \frac{||s_{\text{target}}||^2}{||e_{\text{interf}} + e_{\text{noise}} + e_{\text{artif}}||^2} \tag{3.2}$$

$$\text{SIR} := 10 \log_{10} \frac{||s_{\text{target}}||^2}{||e_{\text{interf}}||^2} \tag{3.3}$$

$$\text{SNR} := 10 \log_{10} \frac{||s_{\text{target}} + e_{\text{interf}}||^2}{||e_{\text{noise}}||^2} \tag{3.4}$$

基本的には，目的信号成分（分子）のパワーと雑音信号成分（分母）のパワー

[†]　例えば，シミュレーションで生成したデータを用いた評価が該当する。そのほかにも，評価値の計算に必要な信号を疑似的に推定して近似することもある。

の比に対して対数を取った値である。これらの値が大きいほど分離性能が良いことを表している。具体的な計算手続きやプログラムは文献やライブラリを参照されたい。結局，なにを目的信号成分とみなし，なにを雑音信号成分とみなして計算するのかが重要であり，どの尺度を使うべきかはなにを評価したいのかに依存する点に注意が必要である。なお，分離前・分離後の改善幅（improvement）を示す SNRi, SIRi, SDRi といった値も使うことが多い。各成分 s_{target}，e_{interf}，e_{noise}，e_{artif} の具体的な定義や計算方法は唯一ではないが，文献 33) では元の各信号との内積に基づいた分解により定義している。

近年では，源信号 s 信号の振幅に関して不変な尺度が評価や学習に用いられることも多い。これは，s_{target} の振幅変換を明示的に記述した場合に対応する。例えば，scale-invariant signal-to-noise ratio（SI-SNR）では，源信号 s と推定値 $\hat{s}$ の間の誤差をつぎのように測る。

$$\text{SI-SNR} := 10 \log_{10} \frac{||\alpha s||^2}{||\alpha s - \hat{s}||^2} \tag{3.5}$$

ここで，$\alpha = \text{argmin}_\alpha ||\alpha s - \hat{s}||^2 = s^\top \hat{s}/||s||^2$ であり，$^\top$ は転置記号である。これは，SNR の定義式から，干渉信号を除外し，源信号との推定信号の誤差を雑音信号と扱った場合に相当する。SI-SDR といった尺度も使われるが，これも同様に SDR に対して振幅不変な変換を施したものとなる。実際には SNR，SDR，SIR をあまり明確に区別せずに利用していることもあるので，「なんの誤差をどういう条件で測っていることになるのか」を自分の中で整理しておくことが最も大切である。

〔**2**〕 **聴感的な品質を考慮した尺度**　人間による主観的な値，もしくは，それと相関を持つ客観的な値で評価する。理想的には聴取実験によって分離音の質を Mean Opinion Score（**MOS**）[†]等で評価する必要があるが，時間と実験コストなどを考慮すると，その頻繁な実施や大量データに対する評価は困難である。そのため，音声品質を客観的に評価するアルゴリズムである Percep-

---

[†]　https://www.itu.int/rec/T-REC-P.800-199608-I

tual evaluation of speech quality （**PESQ**）†もよく利用される。この値は推定信号と正解の信号から聴感的な特性を考慮して計算され，MOS 値との相関も高いためである。具体的な手続きやプログラムは ITU-T の資料を参考にされたい。このプログラムをラップした Python の pesq ライブラリもあり，値自体は簡単に算出できる。

〔**3**〕 **識別器の認識率に基づく尺度**　　推定信号に対してなんらかの認識・識別処理を行い，その認識精度で評価する。音声認識や話者認識などの識別器のフロントエンドとして音源分離を行う場合，後段処理への影響を直接的に評価できる。正解の信号を必要としない代わりに，識別器のモデルを自分で準備する必要がある。音声認識の評価尺度の詳細は 4 章で述べるため，ここでは省略する。注意として，識別器を通して得られた認識率などは，識別器のモデルに依存する点である。例えば，雑音を含まない音声で学習したモデルと，雑音を含む音声で学習したモデルでは，識別器の雑音耐性がまったく異なる。音源分離の効果は前者のモデルでは大きいが，後者ではほとんど出ないこともあり得る。識別器のモデル学習に用いられたデータも重要であるため，どのように学習されたモデルなのかには注意を払うべきであろう。

3.2　基本的な枠組みと技術

本節では，具体的な手法を理解するために必要な基本的な手法や概念に関して説明する。深層学習に基づく手法でも，ネットワーク構造のベースとなるアイディアは，信号処理の基本的な概念を踏襲している場合が多い。本節の内容を理解しておけば，新しい手法に関してもその挙動や処理の流れは理解できるであろう。

---

†　https://www.itu.int/rec/T-REC-P.862

3.2.1 基本的な処理領域やフロー

音源分離手法はさまざまなものが開発されているが,ベースとなる観測モデルや処理フローはある程度共通している。ここでは代表的な処理領域である,時間領域処理,時間周波数領域処理(STFT 領域処理)を説明する。加えて,この二つの概念をベースにした,深層学習ベースの手法で用いられるエンコーダ・デコーダ・セパレータ構造を紹介する。これらを図 **3.3** に示す。なお,具体的な手法を説明する際にも,各領域におけるインデックス等の表記は本項での定義に倣うものとしている。

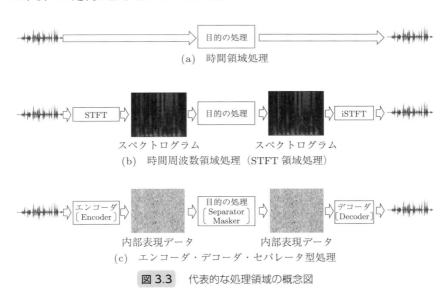

図 3.3 代表的な処理領域の概念図

〔1〕 **時間領域処理** 入力も出力も時間波形であり,時間領域の観測モデルに基づき処理を行うものを**時間領域処理**と呼ぶことにする(図 (a))。最も時間分解能が高く,サンプリング周波数のサンプルごとに処理することもできる。処理遅延が許されないリアルタイム処理との相性が良い。エコーキャンセラに用いられる適応フィルタ技術などでは,遅延時間の関係から時間領域処理がよく用いられている。

離散時刻 t の音源信号 $s_t \in \mathbb{R}$ と観測信号 $x_t \in \mathbb{R}$ の間の過程として,インパ

68　　**3. 音源分離：音を聞き分ける**

ルス応答 h_d $(d = 0, \ldots, D-1) \in \mathbb{R}$ の畳み込みに基づくモデルが仮定される。これは，2 章でも取り上げた線形時不変システムに基づくモデルである。

$$x_t = \sum_{d=0}^{D-1} h_d s_{t-d} + e_t \tag{3.6}$$

ここで e_t は参照信号以外の信号や雑音信号などをまとめて表した変数である。なお，この畳み込み部分をインパルス応答のベクトルと音源信号のベクトルとの内積で表現することもある。$\boldsymbol{h} = [h_0, \ldots, h_{D-1}]^\mathsf{T}$, $\boldsymbol{s}_t = [s_t, s_{t-1}, \ldots, s_{t-D+1}]^\mathsf{T}$ としたとき，観測信号 x_t は

$$x_t = \boldsymbol{h}^\mathsf{T} \boldsymbol{s}_t \tag{3.7}$$

のようにも記述できる。ここで，$^\mathsf{T}$ は転置記号である。各変数をベクトルや行列で表現しておくと，更新式が簡素に書ける，処理の見通しが良くなる，意味を解釈しやすくなる，といった理由から，このような表記にも慣れておくとよい[†]。

　時間領域モデルをよく用いるエコーキャンセラでは，観測信号 x_t が入力されるごとにインパルス応答の推定値 h_d を更新していく。参照信号 s_t に起因する値 $\boldsymbol{h}^\mathsf{T} \boldsymbol{s}_t$ をモデルで予測し，観測信号 x_t から除去することで，既知の参照信号が抑圧された残差信号 e_t の推定値を得ることができる。

〔**2**〕　**時間周波数領域処理（STFT 処理）：スペクトログラム**　　時間周波数領域での観測モデルに基づき処理を行う方式として，**STFT 領域処理**を取り上げる（図 3.3 (b)）。この処理での入出力はスペクトログラムとなり，数学的には行列，プログラム上では 2 次元配列で表現される。時間領域での畳み込みが積の関係になる，音源の周波数分布の特徴が表れる，といった利点があり，音源分離処理でよく用いられる。後述の周波数領域でのビームフォーミング処理との接続もよく，手法を構成する幅も広くなる。一方，離散フーリエ

[†]　プログラムを書くときも，多次元配列を用いてほぼ数式のとおり実装すればよいので楽になる。

変換といった周波数解析を行うために，時間領域での観測信号をバッファリングする必要があり，時間領域処理と比較すると遅延が生じる。

では，実際に1音源が観測される場合のモデルを見てみよう。STFT適用後のtフレーム目，周波数ビンfにおける観測信号を$x_{t,f} \in \mathbb{C}$，伝達関数を$h_f \in \mathbb{C}$，雑音信号を$e_{t,f} \in \mathbb{C}$とすると，これらの間の関係は次式で表現される。

$$x_{t,f} = h_f s_{t,f} + e_{t,f} \tag{3.8}$$

各変数が基本的に複素数である点に注意が必要である。STFT領域では時間領域での畳み込みが積の関係で近似できるため，比較的簡素な表現になる。

時間領域モデルで用いた変数をここでも用いているが，それらの区別は添え字や処理領域から判断されたい。この式では，フレーム番号tに関する時間遅延はどこにも現れていない。これは，STFT窓内に収まる遅延は位相成分に現れることに起因する。そのため，時間領域ではあり得なかった瞬時混合が，STFT領域では見かけ上あり得ることになる。これはマルチチャネルを前提としたブラインド音源分離を適用する際に重要な特徴となる。

つぎに，複数の音源が混合され，それらが複数のマイクで観測される場合のモデルを見てみよう。マイク数と音源数をそれぞれM, Nとし，音源nからマイクmへの伝達係数を$h_{f,m,n} \in \mathbb{C}$で表す。このとき，m番目のマイクでの観測信号$x_{t,f,m} \in \mathbb{C}$は，音源信号$s_{t,f,n} \in \mathbb{C}$を用いて

$$x_{t,f,m} = \sum_{n=1}^{N} h_{f,m,n} s_{t,f,n} + e_{t,f,m} \tag{3.9}$$

と表現できる。$e_{t,f,m} \in \mathbb{C}$は雑音項である。

さらに，これらをベクトルでまとめて表現することも多い。各マイクでの観測信号をまとめて$\boldsymbol{x}_{t,f} = [x_{t,f,1}, \ldots, x_{t,f,M}]^{\mathsf{T}}$，各音源信号もまとめて$\boldsymbol{s}_{t,f} = [s_{t,f,1}, \ldots, s_{t,f,N}]^{\mathsf{T}}$というベクトルで表す。また，伝達係数もまとめて

$$\boldsymbol{H}_f = \begin{bmatrix} h_{f,1,1} & h_{f,1,2} & \cdots & h_{f,1,N} \\ h_{f,2,1} & h_{f,2,2} & \cdots & h_{f,2,N} \\ \vdots & \vdots & \ddots & \vdots \\ h_{f,M,1} & h_{f,M,2} & \cdots & h_{f,M,N} \end{bmatrix} \tag{3.10}$$

という $M \times N$ 行列で表現する。すると，観測信号 $\boldsymbol{x}_{t,f}$ は

$$\boldsymbol{x}_{t,f} = \boldsymbol{H}_f \boldsymbol{s}_{t,f} + \boldsymbol{e}_{t,f} \tag{3.11}$$

と表せる。ここで $\boldsymbol{e}_{t,f} = [e_{t,f,1},\ldots,e_{t,f,M}]^{\mathsf{T}}$ は雑音信号のベクトルである。音源数分の和を取る sum 記号が消え，代わりに変数がベクトルや行列で表されている。式の見た目も簡素になったであろう。対応するプログラムを書く際は，線形代数演算（ベクトルや行列関係の処理）のモジュールに多次元配列を渡すだけで，このような式を計算することができる。自分で for ループ等を書く必要がないため，バグが入り込む可能性を下げられるうえ実装も簡単になる。

〔**3**〕 **エンコーダ・デコーダ・セパレータモデル** モデルを事前に教師あり学習させる場合によく用いられるのが，**エンコーダ・デコーダ・セパレータモデル**である（図 3.3 (c)）。エンコーダは時間波形を加工して特徴量系列を出力し，デコーダは特徴系列から時間波形を出力する関数である。セパレータはエンコーダの特徴系列からデコーダへの特徴量系列に変換する関数となる。概念的には STFT 領域処理もこの構造に当てはまる。例えば，時間波形をスペクトログラムに変換する処理はエンコーダ，スペクトログラムから時間波形を復元する処理はデコーダに相当する。間をつなぐ分離手法自体がセパレータということになる。時間領域や STFT 領域処理との違いは，エンコーダ・デコーダのモデルパラメータ自体がデータに基づき最適化される点である。

これらは分離処理の過程を想定した構造であるので，必ずしも観測モデルを記述するものではない。したがって，ここでは概念的な処理の構造を数式で

記述していく。通常，系列データを想定しているため，その番号をこれまでと同様に t $(t = 1, \ldots, T)$ で表すことにする[†1]。エンコーダへの入力を $\boldsymbol{x}_{1:T} = [\boldsymbol{x}_1, \ldots, \boldsymbol{x}_T]$，エンコーダからの出力でありセパレータへの入力を $\boldsymbol{h}_{1:T'} = [\boldsymbol{h}_1, \ldots, \boldsymbol{h}_{T'}]$，セパレータの出力でありデコーダへの入力を $\boldsymbol{g}_{1:T'} = [\boldsymbol{g}_1, \ldots, \boldsymbol{g}_{T'}]$，デコーダの出力を $\boldsymbol{z}_{1:T} = [\boldsymbol{z}_1, \ldots, \boldsymbol{z}_T]$ で表す。各要素 $\boldsymbol{x}_t$ などはベクトルであるとする。このとき，処理全体としては

$$\boldsymbol{h}_{1:T'} = \boldsymbol{f}_{\mathrm{enc}}(\boldsymbol{x}_{1:T}), \quad \boldsymbol{g}_{1:T'} = \boldsymbol{f}_{\mathrm{sep}}(\boldsymbol{h}_{1:T'}), \quad \boldsymbol{z}_{1:T} = \boldsymbol{f}_{\mathrm{dec}}(\boldsymbol{g}_{1:T'})$$

(3.12)

のようなフローとなる。$\boldsymbol{f}_{\mathrm{enc}}, \boldsymbol{f}_{\mathrm{sep}}, \boldsymbol{f}_{\mathrm{dec}}$ がそれぞれ，エンコーダ・セパレータ・デコーダを担当する関数である[†2]。入力と出力がベクトル系列であるためマルチチャネルを想定した表現であるが，それらの次元を 1 に設定するとモノラルの場合を表せる。当然，ディープニューラルネットワークで各関数を構築することもできる。

3.2.2　基本的な分離方式

　ここでは分離を実現する方法の中でも最も基本的な方式，ビームフォーミング，時間-周波数マスク，行列分解について説明する（**図 3.4**）。一見複雑な分離手法でも，基本的な分離方式の概念を拡張しているものがほとんどである。本項の内容を押さえることで，各分離手法内での数理的な演算がなにをしているのか，部分的にでもわかるようになるだろう。

　〔1〕　ビームフォーミング　　複数のマイクロホンが使える状況では，ビームフォーミング（beamforming）を要素として含む手法が広く使われる（図(a)）。ビームフォーミングは，マイク間での音の到来時間差や強度差の情報を用いて，目的方向の音を強調したり，抑圧したりする技術である。いわゆる

[†1]　番号の間隔が，一定の時間間隔であるというような仮定はここではない。

[†2]　関数を用いた抽象的な表現だと，ほぼなにも言っていないに等しいが，大まかなステップはわかるであろう。例えば，離散フーリエ変換や逆離散フーリエ変換は複素数を値に持つ線形変換なので，$\boldsymbol{f}_{\mathrm{enc}}$ が線形関数の場合に対応付けることができる。

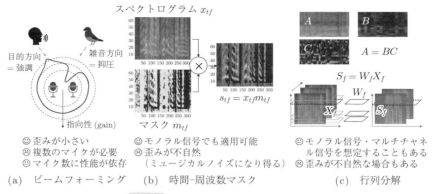

図 3.4 基本的な分離方式（口絵 2）

空間モデルにフォーカスを当てた手法といえる．フィルタと呼ばれる固定パラメータが登場するが，複雑な手法ではこのパラメータをデータから推定するといった拡張が行われる．ビームフォーミングは基本的に線形フィルタに基づくため，出力信号の歪みが小さいという利点がある．また，一般に分離性能はマイク数を増やすほど向上していく．

ここでは STFT 領域でのモデルに基づいて，具体的なモデルを説明する．STFT 領域（$t\text{-}f$）上での M チャネルの観測信号を $\bm{x}_{t,f} \in \mathbb{C}^M$ とする．ビームフォーミングでは M 次元のフィルタ係数 $\bm{w}_f = [w_{f,1},\ldots,w_{f,M}]^\mathsf{T} \in \mathbb{C}^M$ を $\bm{x}_{t,f}$ に作用させ，所望の信号の推定値 $\hat{s}_{t,f} \in \mathbb{C}$ を得る．

$$\hat{s}_{t,f} = \bm{w}_f^\mathsf{H} \bm{x}_{t,f} \tag{3.13}$$

ここで，H は共役転置（エルミート転置）記号である．

このフィルタ係数 $\bm{w}_f$ の設計にはいくつかの方針があり，各ビームフォーミングの手法を特徴付けることになる．例えば，**遅延和ビームフォーマ**（delay-and-sum, **DS**）では目的信号の方向角 θ を仮定し，その方向からくる信号の各マイク間の到来時間差を補正するように $\bm{w}_f$ を定める[†]．このとき，

[†] このとき，フィルタは θ の関数であるため，$\bm{w}_f(\theta)$ ということになる．

マイクの座標と音源位置から，幾何的に到来時間差を計算する。また，死角形成型ビームフォーマのように，特定の方向から到来する信号をキャンセルすることもできる。一般的に，マイク数分のフォーカス・死角を形成できる。上記は1音源のみを抽出する場合だが，複数音源を分離する場合はそれぞれのフィルタを設計すればよい。pyroomacoustics や pytorch の tutorial でもビームフォーミング系の手法が実装されている。

データに基づいてフィルタ係数 $\boldsymbol{w}_f$ を決定することもできる。一般化サイドローブキャンセラやマイクアレーを利用するブラインド音源分離などは，観測信号から雑音信号の方向に対して死角形成するようなフィルタを学習する。このような学習に基づく方法では，高精度に推定するためにデータがある程度必要となる点には注意が必要である。なお，フィルタ推定にはバッチ処理型や逐次推定型があるため，使おうとしている手法がどちらのタイプであるかの確認は必要である。

〔2〕 時間-周波数マスク（**TF マスク**）　　時間-周波数マスク（time-frequency mask）は，スペクトログラムの各成分に対して，0から1の値を取るマスクを乗ずることで分離する手法である（図 3.4 (b)）。このアプローチは音源のスペクトログラム構造（音源モデル）に着目した分離方式であるため，ビームフォーミングとは別の性質を活用しているといえる。仕組みとしては単純だが，現在では幅広く用いられている方式といえる。特に，0/1 の 2 値クラスの分類問題として解釈できるため，識別的な機械学習とも相性が良いからである。なお，エンコーダ・デコーダ型の処理においても，内部表現データをスペクトログラムのように見立てて，マスク処理を行うことが多い。「時間-周波数マスク」は便宜上 STFT 領域での呼び方である。この方式はモノラル信号でも適用可能という大きなメリットがある。一方，基本的に非線形処理なので，出力信号に不自然な歪み（アーティファクト成分）が生じることが多く，聴感的に不快に感じることもある。その欠点もディープニューラルネットワークの登場により軽減されつつある。

具体例として，音声信号と非音声信号の混合したモノラル信号から音声信号

74   3. 音源分離：音を聞き分ける

を抽出するタスクを取り上げる。STFT 領域 t-f 上の観測信号 $x_{t,f}$ は，音声成分 $s_{t,f}$ と雑音成分 $e_{t,f}$ の和として表現される。

$$x_{t,f} = s_{t,f} + e_{t,f} \tag{3.14}$$

目的は，この観測信号から音声成分を抽出することである。

音声成分のパワーを観測信号から復元するには，理想的なマスク $m_{t,f} = |s_{t,f}|/|s_{t,f} + e_{t,f}|$ を観測信号に乗ずればよい。

$$\hat{s}_{t,f} = m_{t,f} x_{t,f} = \frac{|s_{t,f}|}{|s_{t,f} + e_{t,f}|} x_{t,f} \tag{3.15}$$

このマスクは，文献 33) での定義では spectral magnitude mask（**SMM**）と呼ばれている。SMM は取り得る値の範囲が $[0, 1]$ ではないので，分類問題としてマスク推定を扱うことはできない[†1]。Ideal ratio mask（**IRM**）は，各信号成分のパワースペクトルの和に対する目的信号のパワースペクトルの比で表現される。

$$m_{t,f} = \left(\frac{|s_{t,f}|^2}{|s_{t,f}|^2 + |e_{t,f}|^2} \right)^{\beta} \tag{3.16}$$

通常，$\beta = 0.5$ に設定する。このマスクは $[0, 1]$ の値を取るため，分類問題としてマスク推定を扱うことができる[†2]。もし位相成分まで復元したい場合は，複素数値の理想的なマスクを利用する。

実際には理想的なマスクは事前にはわからないので，なにかしらの方法で推定する必要がある。音声の特徴的な周波数構造（調波構造）を活用したり，マイクアレーを用いる場合は方向情報を活用することもある。また，観測信号からマスクを推定する関数 $\{m_{t,f}\}_{t,f} = f(\{x_{t,f}\}_{t,f})$ を事前に機械学習することも多い。このとき，元の音声信号に対して，残響や雑音を付与した観測信号を人工的に作成して，学習データとして用いる。内部で信号の特徴パターンなど

[†1] この場合，マスクを乗じた出力の値を元の音声成分に近づけるという回帰問題として扱う。

[†2] ニューラルネットワークによる実装では，出力層をシグモイド関数に設定し，コスト関数にクロスエントロピーを用いることができる。

も暗に学習されるため，音声信号や音楽音響信号といった信号の性質に依存せずに使える手法が多い。

〔**3**〕 **行 列 分 解**　行列分解（matrix factorization）とは，ある行列 $\boldsymbol{A}$ を別の行列の積 $\boldsymbol{BC}$ へ分解，もしくは，行列の和 $\boldsymbol{B}+\boldsymbol{C}$ へ分解する操作である（図 3.4 (c)）。この行列 $\boldsymbol{B}$ と $\boldsymbol{C}$ は行列 $\boldsymbol{A}$ から推定される。線形代数で習う固有値分解や特異値分解はその典型例である。例えば，実行列 $\boldsymbol{A} \in \mathbb{R}^{N \times N}$ が対称行列ならば，N 個の固有値 λ_i と固有ベクトル $\boldsymbol{e}_i$ $(i = 1, \ldots, N)$ を用いて

$$\boldsymbol{A} = \boldsymbol{E} \boldsymbol{\Lambda} \boldsymbol{E}^{\mathsf{T}} = \sum_{i=1}^{N} \lambda_i \boldsymbol{e}_i \boldsymbol{e}_i^{\mathsf{T}}, \quad \boldsymbol{\Lambda} = \mathrm{diag}(\lambda_1, \ldots, \lambda_N) \tag{3.17}$$

$$= \boldsymbol{BC} = \sum_{i=1}^{N} \boldsymbol{D}_i \ (\boldsymbol{B} = \boldsymbol{E}, \boldsymbol{C} = \boldsymbol{\Lambda} \boldsymbol{E}^{\mathsf{T}}, \boldsymbol{D}_i = \lambda_i \boldsymbol{e}_i \boldsymbol{e}_i^{\mathsf{T}}) \tag{3.18}$$

と分解したような形に書ける。ここで，diag は各要素を対角成分に持つ対角行列を表す。では，このような操作が音源分離となんの関係があるのだろうか？

雑音を含まない複数音源の観測モデルを行列形式で表現することを考える。STFT 領域の観測モデルはベクトル・行列形式で

$$\boldsymbol{x}_{t,f} = \boldsymbol{H}_f \boldsymbol{s}_{t,f} \tag{3.19}$$

と表すことができた。これらをフレーム番号についてまとめた行列で表してみよう。すなわち，$\boldsymbol{X}_f = [\boldsymbol{x}_{1,f}, \ldots, \boldsymbol{x}_{T,f}]$，$\boldsymbol{S}_f = [\boldsymbol{s}_{1,f}, \ldots, \boldsymbol{s}_{T,f}]$ とする。このとき，観測モデルは

$$\boldsymbol{X}_f = \boldsymbol{H}_f \boldsymbol{S}_f \tag{3.20}$$

という形で記述できる。もし $\boldsymbol{X}_f$ から $\boldsymbol{S}_f$ や $\boldsymbol{H}_f$ を推定できれば，それは分離ができていることになる。これは観測スペクログラム $\boldsymbol{X}_f$ に対して，行列分解を行っているとも解釈できる。実際には設定不良問題のため，音源や伝達

76　　3.　音源分離：音を聞き分ける

系に関してなにかしらの制約を与えなければ，元の音源を復元することはできない。そのため，データに適合したうまいモデルを仮定しないと，不自然な歪みが生じることもあるので注意が必要である。なお，$\boldsymbol{X}_f$ は行列の和（音源数分）としても表現できる。各行列をなにと対応付けると表現できるか考えてみるとよいだろう。ちなみに，固有値分解自体は信号の白色化といった処理を含めよく登場する。線形代数の重要さを感じるであろう。

　ビームフォーマは観測信号に対して重みを乗ずることで分離することを思い出そう。例えば，もし，マイク数と音源数が同じで（$N = M$），伝達系 $\boldsymbol{H}_f$ の逆行列が存在する場合，元の音源信号 $\boldsymbol{S}_f$ はつぎのように復元できる。

$$\boldsymbol{S}_f = \boldsymbol{H}_f^{-1} \boldsymbol{X}_f = \boldsymbol{W}_f \boldsymbol{X}_f \tag{3.21}$$

分離行列 $\boldsymbol{W}_f$ を観測信号に乗じており，演算としてはビームフォーマと同じことをしている。空間的な成分を含む行列分解モデルを特殊な条件下の逆問題として解くものがビームフォーマとも解釈できる。

3.2.3　ディープニューラルネットワークに基づく音源分離

　ディープニューラルネットワークを用いる手法は，先ほどの基本的な分離方式などを組み込み，学習可能なネットワークで表現することが多い。データや入出力の形式さえ同じであれば，音声信号や音楽音響信号を含め，さまざまな信号へ適用できる手法がほとんどである。これは事前学習を前提としており，多くの場合，信号の特徴抽出なども含めて大量のデータからモデルを学習するためである。

　音源分離へディープニューラルネットワークを用いる場合，入出力の設計，事前学習，fine-tuning，出力順序（パーミューテーション）に注意を払う必要がある。ここでは，次節以降に登場する多くの手法に共通するポイントを説明する。再掲であるが，事前学習と fine-tuning の違いは，基本的にモデルの初期値と学習に用いるデータセットの2点である。そのため，学習プログラムを一度実装していれば，モデルのロード部分と学習データセットの指定部分

を切り替えるだけで，両者を実現できる。

〔1〕 **入出力の設計**　　ネットワークへの入力データの形式はモデルによって異なることが多いが，おおよそ2種類に分けられる。一つは生のデータ（時間信号，スペクトログラム，振幅スペクトログラムなど）であり，二つ目はそれらから抽出した特徴量である。生データを用いる場合，データの次元数などが巨大になりがちであるため，用いるモデルや環境によっては学習時に利用可能なメモリ量を超えることもある。その場合，ダウンサンプリングなどの前処理，音響データの分割利用，ネットワーク内部の次元数調整，といった工夫が必要である。特徴量は2章で登場した，対数メルフィルタバンクやその他の音声特徴量，マルチチャネルを想定する場合はIIDやIPDなども用いられる。なお，既存のネットワークモデルが想定する入力データの型や特徴を満たしていれば，例えば，時間波形でなく，特徴量系列を入力することもできる。既存モデルを流用する場合でも工夫できる点はあるので，うまく活用しよう。

ネットワークの出力形式も，出力する分離信号数に対応しておおよそ2種類の場合が存在する。出力する分離信号が一つであれば，基本的なニューラルネットワーク構造と同じように最終層を構築すればよい。一方，分離信号が二つ以上の場合は出力ノードを複数設定する必要がある。音源数が可変の場合を扱った研究もあるが，それらは本章の後ろのほうで述べる。

〔2〕 **事前学習**　　ディープニューラルネットワークを併用する技術は多くの場合，事前学習を行ってモデルパラメータをあらかじめ学習しておく必要がある。ユーザが自前で十分な量の学習データを準備できる場合，対象のタスクに特化したモデルを学習できるため，高い分離性能を達成することが期待される。収集コストの観点から，学習用データは2章で説明したシミュレーションベースで生成することが多い。十分なデータ量の目安であるが，音声データを対象とする場合はおおよそ100時間前後ほどあればよいと考えられる。例えば，音源分離タスクでソース音源として用いられているWSJ0コーパスは約70時間，CHiME2 challengeの設定では約166時間である。書き起こしテキストなどの言語情報を分離で用いない場合，フリーで公開されてい

る英語の音声データや音声合成で生成したデータなども活用できる。伝達特性（マイク・スピーカ特性，残響）もある程度バリエーションを持たせておくと，特定の特性を持った学習データへの過学習を避けられる可能性がある。ただし，音源数，音源種，背景雑音，残響などの組み合わせパターンまで考慮した取り組みはあまり見られず，その場合になにをどれだけ準備すればよいのか，明確な目安があるわけではない。

〔3〕 **fine-tuning** 事前学習済み（pre-trained）モデルを利用する場合，対象タスクに近いデータで fine-tuning や転移学習などを行うほうが望ましい。音源数，音源種，残響や背景雑音といった特性がずれていると，分離性能の大幅な低下を引き起こすこともあるからである。少なくとも，いくつかの実データを収録し，それらに対して事前学習済みモデルを用いた分離を試したほうがよいであろう。もし，観測信号とほぼ変わらない信号が出力されているのであれば，fine-tuning は不可欠である。正解データが利用できる場合は 3.1.3 項で挙げた評価尺度で定量的に分離度合いをモニタリングするとよい。Fine-tuning に使えるデータが少ない場合，データオーグメンテーションといった技術によって，元のデータに対するバリエーションを増やすことができる。また，過学習を避けるため，validation set を作成して早期終了（early stopping）を行ったり，パラメータの正則化などを併用することも検討されたい。

〔4〕 **出力順序問題** 音源分離タスク，特に同種の音源信号の分離を扱う場合においては，2 章で触れた出力順序（パーミュテーション）の不定性についても注意しておく必要がある。ここでの出力順序の不定性は，ニューラルネットワークに基づく分離モデルにおいて，どの出力ノードにどの音源信号が出力されるわからないことを指す。音源分離用のネットワークは分離信号を出力するノード数を事前に設定するが，信号の出力ノードを制御するような設定は通常行われない。そのため，例えば，2 話者の混合信号をそれぞれの話者の信号へ分離したい場合，どの出力ノードにどちらの話者の信号を出力するかま

では通常制御できない[†]。

この不定性は教師あり学習の際に問題となるが，多くの場合 permutation invariant training（**PIT**）[35] により回避されている。この手法では，取り得る出力順序のパターンすべてについて，それぞれのコスト関数の値を計算し，その中で値が最小のものを学習に用いるコスト関数の値として採用する。具体的に，2音源分離の場合について説明しておこう。ネットワーク全体を関数 $\boldsymbol{f}$ で表し，入力信号ベクトルが $\boldsymbol{x}$，出力信号ベクトルが $\boldsymbol{z}_1, \boldsymbol{z}_2$ であるとする。

$$[\boldsymbol{z}_1, \boldsymbol{z}_2] = \boldsymbol{f}(\boldsymbol{x}) \tag{3.22}$$

バックプロパゲーションのため，コスト関数の値を正解の二つの信号 $\boldsymbol{s}_1, \boldsymbol{s}_2$ から計算したいが，$\boldsymbol{z}_1, \boldsymbol{z}_2$ のどちらが $\boldsymbol{s}_1$ に対応するのかがわからない。そこで，$\boldsymbol{z}_1$ が $\boldsymbol{s}_1$ に対応すると仮定した場合と，$\boldsymbol{z}_1$ が $\boldsymbol{s}_2$ に対応すると仮定した場合の両方のコスト関数値を計算し，誤差が小さいほうの割り当てを採用する。つまり，

$$J(\boldsymbol{\Theta}|[\boldsymbol{z}_1, \boldsymbol{z}_2], [\boldsymbol{s}_1, \boldsymbol{s}_2]) =$$
$$\min[J(\boldsymbol{\Theta}|\boldsymbol{z}_1, \boldsymbol{s}_1) + J(\boldsymbol{\Theta}|\boldsymbol{z}_2, \boldsymbol{s}_2), J(\boldsymbol{\Theta}|\boldsymbol{z}_1, \boldsymbol{s}_2) + J(\boldsymbol{\Theta}|\boldsymbol{z}_2, \boldsymbol{s}_1)] \tag{3.23}$$

ということである。一般的に音源数を N としたとき，その組み合わせパターンは $O(N!)$ オーダとなるため，音源数が多い場合は出力ノード数や計算量が増大する。この問題への対応としては，再帰的な分離方式[36] や，パーミュテーション行列も近似計算するといった方式[37] が提案されている。再帰的な分離方式は章の最後で取り上げる。

3.3 参照信号を用いる音源分離：適応フィルタ

エコーキャンセラは，マイクに含まれる「既知の信号」を除去する手法の総

[†] 人の音声と犬の鳴き声といった音源種（クラス）が異なる場合は状況が異なる。音源種ごとに出力ノードやクラスを定めることで，出力信号の順序を制御できる。

80   3. 音源分離：音を聞き分ける

称である。例えば，音声対話システムでは，システム自身の声がマイクに回り込むことがある。ユーザの音声を認識する場合，システム自身の声は誤認識の原因になる。一方，システムの声は自身で生成しているわけなので，その元の信号波形はシステム内部でわかっているはずである。これを「参照信号（reference signal）」と表記し，この参照信号を知っているという仮定はエコーキャンセラにおいて最も重要である。参照信号を使わない音源分離と比べて一般的には分離性能は高いため，伝達経路を含む環境変化への追従性や手法の処理量（演算量）などが重要視される。エコーキャンセラは信号処理やパラメータ推定の基本を理解するための良い題材であるため，本節では少しだけ踏み込んで説明していく。適応フィルタと呼ばれる分野の技術になる。

3.3.1 基本的な観測モデル

エコーキャンセラは，リアルタイム処理を前提としたものが多く，基本的には時間領域でモデル化されている。具体的には，既知信号がマイクに届くまでの過程を記述する。まず，離散時間 t におけるマイク入力信号を x_t，参照信号を s_t，参照信号からマイク入力までの伝達係数を h_d $(d = 0, \ldots, D-1)$ で表す。このとき，マイク入力信号は

$$x_t = \sum_d h_d s_{t-d} + e_t = x_t = \boldsymbol{h}^\mathsf{T} \boldsymbol{s}_t + e_t \tag{3.24}$$

で表現できる。ここで，$\boldsymbol{h} = [d_0, \ldots, d_{D-1}]^\mathsf{T}$，$\boldsymbol{s}_t = [s_t, \ldots, s_{t-D+1}]^\mathsf{T}$ であり，e_t は参照信号以外の信号成分（参照信号を中心に見たときの雑音）である。伝達係数 h_d が求まれば，マイク入力信号 x_t から $\boldsymbol{h}^\mathsf{T} \boldsymbol{s}_t$ を減ずることで，参照信号を除去できる。

問題はモデルのパラメータ h_d を推定することである。マイク入力 x_t と信号 s_t はすでに手元にあり活用できる。雑音 e_t の性質を無視すると，単純には x_t とモデルの予測値 $\boldsymbol{h}^\mathsf{T} \boldsymbol{s}_t$ の誤差を最小化するようにパラメータを決めればよさそうに見える。実際，そのような方針でパラメータ h_d を求めることになる。その際，そのパラメータをいかに早く求めるか，という点がエコーキャン

3.3 参照信号を用いる音源分離：適応フィルタ　　*81*

セラの焦点となる。

　実用上では，STFT 領域やサブバンド領域でのモデル化も有効である。サブバンド領域処理ではサンプル間隔が時間領域と比べて長いため，短いフィルタ長で長いインパルス応答にも対応できる。また，帯域ごとに独立に処理が可能なため，高速化にも向いている。周波数領域で処理するビームフォーミングや音声強調技術との相性も良い。一方で，周波数分析のためにデータを少しバッファリングする必要があるため，サンプリング周波数で動作する時間領域に比べて遅延が生じる。応用に応じて使い分けるとよいだろう。

3.3.2　最小二乗法

　処理すべき時間波形が区間（$t = 1, \ldots, T$）で与えられており，リアルタイム処理が不要なのであれば，**最小二乗法**に基づいて，観測信号から参照信号成分を除去できる。この方法において，コスト関数 $J(\boldsymbol{h})$ は二乗誤差であり，

$$J(\boldsymbol{h}) = \frac{1}{T} \sum_{t=1}^{T} (x_t - \boldsymbol{h}^\mathsf{T} \boldsymbol{s}_t)^2 \tag{3.25}$$

と定義される。T による割り算はあってもなくてもよい。

　このコスト関数は 2 次関数であり，値を最小にするパラメータは解析的に求まる。パラメータに関する偏導関数 $(\partial J(\boldsymbol{h}))/(\partial \boldsymbol{h}) = 0$ の条件を解くことになる。最適な伝達係数 $\hat{\boldsymbol{h}}$ はつぎのように定まる。

$$\hat{\boldsymbol{h}} = \boldsymbol{R}^{-1} \boldsymbol{r} \tag{3.26}$$

$$\boldsymbol{R} = \frac{1}{T} \sum_{t=1}^{T} \boldsymbol{s}_t \boldsymbol{s}_t^\mathsf{T} = \frac{1}{T} \boldsymbol{S} \boldsymbol{S}^\mathsf{T} \tag{3.27}$$

$$\boldsymbol{r} = \frac{1}{T} \sum_{t=1}^{T} x_t \boldsymbol{s}_t \tag{3.28}$$

ここで $\boldsymbol{S} = [\boldsymbol{s}_1, \ldots, \boldsymbol{s}_T]$ であり，$\boldsymbol{R}$ は**自己相関行列**，$\boldsymbol{r}$ は**相互相関ベクトル**とも呼ばれる。自己相関行列は，信号自身の相対的な時間の相関（信号自身の

82 3. 音源分離：音を聞き分ける

パワー/エネルギー情報も含む）を表現した対称行列である[†]。この逆行列は参照信号自身の時間的な相関や信号のスケールの影響を打ち消すような役割がある。相互相関ベクトルは，観測信号 x_t 中に参照信号成分がどの程度あるかを相関で表したベクトルである。最適なフィルタは，自己相関行列の逆行列を相互相関ベクトルに乗じることで計算される。直感的には，相互相関ベクトルがフィルタ係数の値に対応するが，時間相関を持つ参照信号の場合は r の値にその影響が含まれるため，R でキャンセルするということである。実際，参照信号が白色信号の場合，$R = I$ なので，最適な伝達係数は r となる。信号の統計的性質が自然と現れていることがわかる。なお，伝達係数の長さ D が巨大な場合には逆行列の演算量（通常，次元数の 3 乗オーダ）が膨大となることもある。

3.3.3 LMS, NLMS および RLS

伝達係数を逐次的に求める基本的な手法として least mean square（**LMS**），normalized LMS（**NLMS**），recursive least square（**RLS**）を取り上げる。これらは収束特性や計算量に違いがあり，それがコスト関数に起因することも見ていく。また，基本的な線形代数演算だけで実装できるので，演習の題材としてもよいと考える。

LMS では瞬時的な二乗誤差に基づくコスト関数を採用し，1 サンプルの勾配を用いてパラメータを更新する確率的勾配法（SGD）を適用する。ある伝達係数 h_d だけに着目すると，コスト関数とその更新式は

$$J_t(h_d) = (x_t - \boldsymbol{h}^\top \boldsymbol{s}_t)^2 \tag{3.29}$$

$$h_d \leftarrow h_d - \alpha \frac{\partial J_t}{\partial h_d} \tag{3.30}$$

$$\frac{\partial J_t}{\partial h_d} = 2(x_t - \boldsymbol{h}^\top \boldsymbol{s}_t)h_d \tag{3.31}$$

[†] 正定値行列でもあり，たいていの場合逆行列が存在する。

3.3 参照信号を用いる音源分離：適応フィルタ 83

となる。ここで α は学習係数と呼ばれるパラメータであり，適応スピードを
コントロールする役割がある。大きすぎるとパラメータ h_d の値が発散し，小
さすぎると適応速度が遅くなる。また，観測信号とモデルによる予測の誤差
$x_t - \boldsymbol{h}^{\mathsf{T}} \boldsymbol{s}_t$ が更新式に現れていることがわかる。確率勾配法による推定は深層
学習のものと同様であり，LMS のモデルと学習は，2層のニューラルネット
ワークにおいて非線形変換部分がない，最もシンプルな場合に相当する。

NLMS では LMS における更新値を入力信号の大きさで正規化する。これ
により，入力信号の大きさになるべく依存しない推定が可能となる。

$$h_d \leftarrow h_d - \alpha \frac{1}{||\boldsymbol{s}_t|| + \delta} \frac{\partial J_t}{\partial h_d} \tag{3.32}$$

$$\frac{\partial J_t}{\partial h_d} = 2(x_t - \boldsymbol{h}^{\mathsf{T}} \boldsymbol{s}_t) h_d \tag{3.33}$$

ここで，δ は正則化の役割を果たす小さな値である。参照信号のパワーが小さ
い場合に，更新値が数値的に不安定になることを防ぐ効果がある。

RLS は再帰的に最小二乗解を求める手法で，LMS・NLMS と比較すると少
ない更新ステップでフィルタ係数を高精度に推定できる。RLS では時刻 t の
時点での二乗誤差に基づくコスト関数を利用する。

$$J_t(\boldsymbol{h}) = \sum_k \lambda^{t-k}(x_k - \boldsymbol{h}^{\mathsf{T}} \boldsymbol{s}_t)^2 \tag{3.34}$$

λ は過去の誤差に対する重みパラメータであり，伝達系の変化への対応ス
ピードを調整する。厳密に最小二乗解を求めるため，計算量は LMS，NLMS
よりも増える。

再帰的にパラメータを更新するため，推定する伝達係数も時刻 t に依存した
形の更新式となる。

$$\boldsymbol{g}_t = \frac{\lambda^{-1} \boldsymbol{P}_{t-1} \boldsymbol{s}_t}{1 + \lambda^{-1} \boldsymbol{s}_t^{\mathsf{T}} \boldsymbol{P}_{t-1} \boldsymbol{s}_t} \tag{3.35}$$

$$e_t = x_t - \boldsymbol{h}_{t-1}^{\mathsf{T}} \boldsymbol{s}_t \tag{3.36}$$

84   3. 音源分離：音を聞き分ける

$$\boldsymbol{h}_t = \boldsymbol{h}_{t-1} + \boldsymbol{g}_t e_t \tag{3.37}$$

$$\boldsymbol{P}_t = \lambda^{-1}(\boldsymbol{I} - \boldsymbol{g}_t \boldsymbol{s}_t^{\mathsf{T}})\boldsymbol{P}_{t-1} \tag{3.38}$$

ここで，$\boldsymbol{g}_t$ はゲインベクトル，e_t は予測に対する誤差信号，$\boldsymbol{P}_t$ 自己相関行列の逆行列に対応する。その初期値は，小さな値 δ を用いて，$\boldsymbol{P}_0 = \delta\boldsymbol{I}$ のように設定する。最小二乗法とは異なり逆行列演算は回避されているが，行列演算が入っているため，1 ステップの更新ごとに伝達係数の長さ D の二乗オーダの演算量がかかる。これは，D の線形オーダの演算量で済む LMS, NLMS に比べるとデメリットである。また，数値誤差の蓄積により挙動が不安定になることがあるため注意が必要である†。

　これらの手法の注意点として，参照信号以外の信号が混入していると，適応動作が不安定になる点が挙げられる。通常，そのような信号を含む区間（double talk）を検出する技術（double talk detection）を用いて，その区間ではフィルタ更新を停止する[38),39)]。実際に用いる場合はこのような技術を併用する，外れ値に頑健なコスト関数を用いる，もしくは，あらかじめフィルタを学習しておいて固定する，といった方法が必要であろう。

3.3.4　ディープニューラルネットワークを併用した手法

　深層学習を応用したエコーキャンセラ技術も登場しており，事前にモデルを学習するアプローチも取られている。この方式では，さまざまな信号パターンを学習することで，先ほどの double talk での性能劣化や背景雑音に対する頑健性が向上する。例えば，音声対話システムを想定する場合，システム側の既知の音声信号は音声合成を用いて生成することが可能である。なお，スピーカなどの非線形特性に対応するために，ニューラルネットワークをエコーキャンセラに応用する取り組みは以前から存在している[40)]。ただし，ネットワークを事前学習させておくわけではなく，ネットワークパラメータ自体を適応的に

---

†　例えば，行列 $\boldsymbol{P}_t$ の対称性が崩れ，正しくフィルタを推定できなくなる。

3.3 参照信号を用いる音源分離：適応フィルタ **85**

更新するという適応フィルタの問題設定に則っていることが多い。

ここではマスク推定に基づくエコーキャンセラを取り上げよう[41]。まず，どのような状況を想定しているかを時間領域のモデルで確認する。観測信号 x_t は，所望の信号 s_t，参照信号 y_t の回り込み信号 d_t，雑音 v_t からなり，以下の式で表現されるとする。

$$x_t = s_t + d_t + v_t \tag{3.39}$$

$$d_t = \sum_k h_k y_{t-k} \tag{3.40}$$

ここで，h_k は参照信号に対する未知の伝達係数である。ここでの目的は，所望の信号 s_t を y_t から抽出することである。観測信号 x_t に加え，参照信号 y_t も利用可能であることから，入力と出力の関係を考えると

$$s_{1:T} = \boldsymbol{f}(y_{1:T}, x_{1:T}) \tag{3.41}$$

を満たす関数 $\boldsymbol{f}$ をニューラルネットワークで事前に教師あり学習すればよい。入力に使える情報が一つ増えている点が，これまでに取り上げた設定とは異なっている。

文献 40) では，STFT 領域での処理を前提とし，以下に示す理想マスクをニューラルネットワークで予測している。

$$m_{t,f} = \sqrt{\frac{|s_{t,f}|^2}{|s_{t,f}^2| + |d_{t,f}|^2 + |v_{t,f}|^2}} \tag{3.42}$$

参照信号に関するパワースペクトルが追加されていることがわかる。この IRM は値の範囲が $[0,1]$ に限られるので，最終層は sigmoid 関数を適用する。また，マスクを予測するネットワークには bi-directional LSTM（BLSTM），特徴量としては対数振幅スペクトルを用いている。もちろん，これらのネットワーク構造と特徴量は最新のネットワークに差し替えることが可能である。学習の際には，コスト関数に最小二乗誤差を用い，シミュレートで生成したデー

タに基づき学習する。

音源分離や音声強調を実現するネットワークがあれば，エコーキャンセラ機能として動作させることも可能である。例えば，音源分離/音声強調ネットワークへの入力に，観測信号と参照信号の2チャネル信号を設定すればよい。その他，音声認識まで考慮したアプローチ[42]もあり，別の機能を持つネットワークとも併せた最適化も可能となっている。

3.4 モノラル信号に対する音源分離

本節では，空間特性を利用できないモノラル信号に対する音源分離技術を説明する。音源特性のみを用いて分離するしかないため，そのモデル化が重要となる。音源の性質を陽にモデル化することは難しいため，事前学習により音源特性を学習させるディープラーニングベースの手法が強力となる。近年ではディープラーニングを活用した手法が主流となっている。

ここでは，伝統的な非負値行列分解に基づく手法を説明したのち，事前学習を前提としたディープラーニングに基づく手法を説明する。後者では，マスクに基づく分離が基本構造となっている点を把握するとよい。なお，非負値行列分解はマルチチャネル信号に対する音源分離でも登場する。

3.4.1 非負値行列分解

非負値行列分解（non-negative matrix factorization, **NMF**）は，モノラル信号の振幅もしくはパワースペクトログラムを行列とみなして行列分解を行う手法である。各音源に対応したパワースペクトルの加法性を仮定し，フレームのスペクトルパターンを表す行列と時間的なアクティベーションパターンを表す行列に分解する。パワースペクトログラムは非負値を取り，また，スペクトルパターン・アクティベーションパターンともに非負値を取るものとするため，非負値の行列分解というわけである。観測データを直接分解するためブラインド分離手法になるが，スペクトルパターンやアクティベーションパター

ンを事前学習しておくと，教師あり・半教師あり音源分離手法として適用できる。

NMF 自体はスペクトログラムを対象に提案されたものではないため，ここでは文献 42) のアルゴリズムについて簡単に説明する。NMF はある非負値行列 $\boldsymbol{V} \in \mathbb{R}^{N \times M}$ が与えられたときに，つぎの式を満たす二つの非負値行列成分 $\boldsymbol{W} \in \mathbb{R}^{N \times K}$ と $\boldsymbol{H} \in \mathbb{R}^{K \times M}$ を求めることである。

$$\boldsymbol{V} \approx \boldsymbol{W} \boldsymbol{H} \tag{3.43}$$

コスト関数として，行列 $\boldsymbol{A}, \boldsymbol{B}$ の距離を測るつぎの 2 種類が提案されている。

$$||\boldsymbol{A} - \boldsymbol{B}||^2 = \sum_{ij} (A_{ij} - B_{ij})^2 \tag{3.44}$$

$$D(\boldsymbol{A}||\boldsymbol{B}) = \sum_{ij} \left(A_{ij} \log \frac{A_{ij}}{B_{ij}} - A_{ij} + B_{ij} \right) \tag{3.45}$$

前者はユークリッド距離（フロベニウスノルム）である。後者は最小値として 0 を取るが，$\boldsymbol{A}$ と $\boldsymbol{B}$ に関して対称ではないため，divergence とは呼べない。しかし，$\sum_{ij} A_{ij} = \sum_{ij} B_{ij} = 1$ を満たすとき，Kullback-Leibler divergence と一致し，$\boldsymbol{A}$ と $\boldsymbol{B}$ は正規化された離散的な確率分布とみなすことができる。

NMF のパラメータ推定は勾配法のほか，乗法更新則と呼ばれる積の形のアルゴリズムが導出される。これは Expectation-maximization（**EM**）algorithm[44] のように，コスト関数の上界または下界となる補助関数（代理関数）を都度求め，最小化することで得られる。つぎの更新則によりユークリッド距離は単調減少する。

$$H_{a\mu} \leftarrow H_{a\mu} \frac{(\boldsymbol{W}^{\top} \boldsymbol{V})_{a\mu}}{(\boldsymbol{W}^{\top} \boldsymbol{W} \boldsymbol{H})_{a\mu}} \tag{3.46}$$

$$W_{ia} \leftarrow W_{ia} \frac{(\boldsymbol{V} \boldsymbol{H}^{\top})_{ia}}{(\boldsymbol{W} \boldsymbol{H} \boldsymbol{H}^{\top})_{ia}} \tag{3.47}$$

88   3. 音源分離：音を聞き分ける

また，divergence $D(\boldsymbol{V}\|\boldsymbol{W}\boldsymbol{H})$ はつぎの更新則により単調減少する。

$$H_{a\mu} \leftarrow H_{a\mu} \frac{\sum_i W_{ia}V_{i\mu}/(\boldsymbol{W}\boldsymbol{H})_{i\mu}}{\sum_k W_{ka}} \tag{3.48}$$

$$W_{ia} \leftarrow W_{ia} \frac{\sum_\mu H_{a\mu}V_{i\mu}/(\boldsymbol{W}\boldsymbol{H}^{\mathsf{T}})_{i\mu}}{\sum_\nu H_{a\nu}} \tag{3.49}$$

両方の更新則が，現在の値に別の値を乗ずる形になっていることがわかる。この性質のため，$\boldsymbol{W}$ と $\boldsymbol{H}$ の初期値が非負値である限り，負の値を取ることがない。初期値が 0 要素はつねに 0 を保つことになる。このほか，Itakura-Saito divergence をコスト関数としたアルゴリズムも開発されている。

NMF はスペクトログラムをスペクトル行列とアクティベーション行列に分解するが，分解する基底の数 K をあらかじめ決める必要がある。これは対象のスペクトログラムが設定した基底の数で再現できることを想定している。そのため，例えば音声信号などのように周波数成分が時間方向へ連続的に変化するようなパターンは扱いづらい。一方で，ピアノなどの音楽音響信号では特定の周波数パターンが特定の時刻に現れる性質があるため，NMF のモデルが信号の性質と合致することが多い。

半教師あり学習の場合，スペクトル行列の一部が既知の下で，残りの行列成分やアクティベーション行列を推定する。例えば，ある楽器のスペクトログラムが事前に利用できるのであれば，あらかじめスペクトル行列へ分解しておける。ここで得られた基底成分をスペクトル行列の一部に設定し，対象のスペクトログラムに対して NMF を適用する。既知の基底成分に対しては更新を行わないことにすれば，そのアクティベーション行列と未知成分の分解を行ってくれる。

3.4.2　DeMask

ニューラルネットワークを用いたアプローチでは，モノラルの混合信号から特定の音源種とそれ以外を分けるマスクを推定することで音源分離を達成する。処理の全体像としては，ニューラルネットワークを用いたエコーキャンセ

ラとほぼ同じである。違いは参照信号の情報がない点のみである。マスク推定に用いるネットワークは基本的にどのような構造でもよく，その時点で提案されているものを利用すればよい。ここでは asteroid にもサンプルがある シンプルな **DeMask** モデル[†]を取り上げる。

DeMask モデルでは STFT 領域でのマスクを推定するが，全体の構造としてはエンコーダ，セパレータ（masker），デコーダのネットワーク構成となっている。そのため，この過程に含まれるパラメータはすべて最適化可能である。まず，観測信号からスペクトログラムをエンコーダで抽出し，その振幅値をマスク推定ネットワーク（separator）の入力として用いる。マスク推定のネットワークは単純な全結合ネットワークであり，活性化関数には ReLU を用いている。スペクトログラムにこのマスクが乗算され，目的の信号が抽出される。デコーダの逆 STFT 演算によって，時間領域の波形が計算される。コスト関数は SI-SDR と呼ばれる時間領域波形での誤差を用いているが，全体がネットワークでつながっているため separator へ誤差を逆伝播できる。

3.4.3 ConvTasNet

ConvTasNet[45] は，エンコーダ・デコーダの構造に基づいており，セパレータ部分はマスク推定とその乗算で構成される。エンコーダ・デコーダも最適化されるので，STFT 領域でのマスク処理と比べて SI-SNR が改善することが報告されている。図 **3.5** に音源分離タスクにおけるネットワークのブロック図を示す。文献 44) の表記に基づき，図中ではセパレータを Masker と表記している。ネットワーク全体としては時間領域の分離信号が出力され，出力ノードは分離したい音源数分設定しておく必要がある。しかし，教師あり学習の際には各ノードで出力された信号が，音源数分ある正解の信号と対応するかわからない（パーミュテーション問題）。そのため，permutation invariant training（PIT）を行う必要がある。文献中では SI-SNR をコスト関数として

[†] https://devpost.com/software/asteroid-the-pytorch-based-source-separation-toolkit

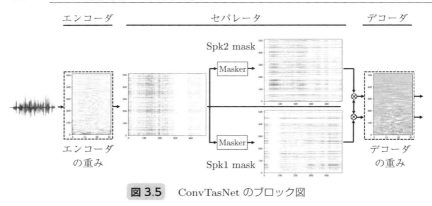

図 3.5 ConvTasNet のブロック図

用いている。各ブロックのネットワーク構造の詳細は元論文を参照するものとして，従来の技術や概念が導入されている部分に関して取り上げて見ていこう。

まず，エンコーダでは 1 次元の畳み込みがチャネル数分行われ，スペクトログラムのようなデータを出力する。STFT のように信号を切り出し FFT を適用することに相当し，この畳み込みは周波数分析（周波数成分を抽出する）を行うような役割がある。ただし，そのフィルタは FFT のように事前設定されているのではなく，データに基づいて最適化される。デコーダやセパレータへの影響も含め，コスト関数が最もよくなるように調整される。もし非負値成分に制限したい場合は，最終層に ReLU 関数などを使うこともある。

セパレータはエンコーダ出力に基づき，エンコーダ出力の各成分に対するマスクを予測する。このマスクは出力音源数分生成され，エンコーダ出力に乗算される。セパレータの最終層は sigmoid 関数が用いられる。入力成分を選択するマスクを入力自体から予測するため，これはある種の自己注意機構（self-attention）とも考えられる。なお，手法の名前のとおり，マスクを予測するネットワークはおもに 1 次元の畳み込み層で構成されている。

デコーダではエンコーダと同様に 1 次元の逆（転置）畳み込み層により，エンコーダ出力から時間波形を再合成する。基本的にはエンコーダの逆変換が期待され，スペクトログラムから時間波形を再合成する逆 STFT のような

処理が行われる．このデコーダも学習によって最適化されるため，データやネットワーク構造に合わせたパラメータが設定される．

3.4.4 SepFormer

SepFormer[46] も ConvTasNet と同様，モノラル音源分離の文脈で提案された手法である．基本的な構造はやはりエンコーダ，セパレータ（Masking net），デコーダである．エンコーダが観測信号をスペクトログラムのような中間表現 $h \in \mathbb{R}^{F \times T}$ に変換し，予測したマスク値を乗算し，デコーダが時間波形に再合成する．エンコーダとデコーダに関してはConvTasNetなどと同じような1次元の畳み込み層で構成されている．セパレータ部分にTransformerと呼ばれる機構を導入しており，ConvTasNetを含む従来のDNNモデルよりも高い性能であることが報告されている．図 3.6 に音源分離タスクにおけるSepFormerのネットワークのブロック図を示す．

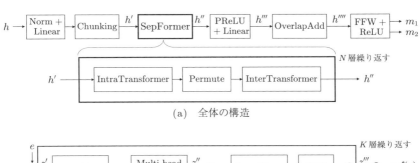

図 3.6　SepFormer のネットワークブロック図

エンコーダとセパレータの間で中間表現の変換処理が行われ，それらが後段の処理で用いられる（図 (a) 上）．ここでは時間-特徴量表現 h が時間方向に対してチャンクと呼ばれるブロックに分割される．これはSTFTで行われているスライディングウインドウ処理と同じであり，窓長 C で時間方向に

対して 50 ％ の成分をオーバーラップをさせている。これにより，h は $h' \in \mathbb{R}^{F \times C \times N_c}$ のような構造に変換される。

SepFormer は DPRNN[47] のように，短時間と長時間の依存性を捉えるようにネットワーク構造が構成されている。前者は IntraTransformer（IntraT）と呼ぶブロック，後者は InterTransfomer（InterT）と呼ばれるブロックが対応する（図 (a) 下）。IntraT ブロックは h' における各チャンクデータに対して適用される。その後，実装の観点で次元を交換する演算 $\mathcal{P}$ が適用される（$h' \in \mathbb{R}^{F \times N_c \times C}$）。InterT ブロックはチャンク間をまたぐ遷移や影響をモデル化するために適用される。IntraT および InterT ブロックの中身は同じ Transformer ベースのネットワークであり，ここではその詳細な説明は省略する。基本的には Layer Normalization（LayerNorm），Multi-head attention，feed foward network（FFW）で構成される（図 (b)）。実際にマスクを予測する際は，次元数を合わせるため，分割したチャンクを再合成するといった処理が後段につながっている。

3.5　マルチチャネル信号に対する音源分離

マルチチャネル音源分離では空間特性と音源特性の両方を活用できるため，その構成にもさまざまなバリエーションがある。例えば，空間的な分離フィルタや音源モデルのパラメータをデータのみから学習させるブラインド音源分離，ビームフォーミングと深層学習によるマスク推定を組み合わせた手法などである。空間情報が併用できるため，音源特性がわからない信号でも分離できる点がマルチチャネル信号のアドバンテージだともいえる。音源数よりもマイク数が多い状況では，ミュージカルノイズのような不自然な歪みを抑えた分離も可能である。

本節では伝統的なビームフォーマから入り，マルチチャネルのブラインド音源分離技術の原理を簡単に説明する。基本的なモデルや概念は共通するところがあるので，それぞれの要点を押さえておくとよいであろう。そのあと，発展

的なディープニューラルネットワークを併用した技術についても，いくつか取り上げて説明していく。

3.5.1 ビームフォーマ

ここでは代表的なビームフォーマである，**遅延和ビームフォーマ**（delay-and-sum beamformer, **DS** beamformer）や**分散最小無歪ビームフォーマ**（mi-mum variance distortionless response beamformer, **MVDR** beamformer）の手法を取り上げる[48), 49)]。ビームフォーマは，基本的にマイクアレーから見た目的方向をパラメータとして持つモデルである。所望の音源信号の方向から到来する音は通過させ，それ以外の方向から到来する音は遮断すれば，音源分離は達成される。所望の音源方向を計算する必要があるので，マイクの配置もしくは対応するインパルス応答が既知であることが前提となる。さらに，方向パラメータと関連が深い音源定位についても簡単に説明しよう。ここではSTFT 領域でのモデル化を扱う。なお，詳細は浅野による書籍[50)]を参考にされたい。

ビームフォーマは一般的に M マイクでの観測信号 $\boldsymbol{x}_{t,f} \in \mathbb{C}^M$ に対して，空間フィルタ $\boldsymbol{w}_f \in \mathbb{C}^M$ を乗じて，所望の信号の推定値 $\hat{s}_{t,f}$ を計算する。

$$\hat{s}_{t,f} = \boldsymbol{w}_f^{\mathsf{H}} \boldsymbol{x}_{t,f} \tag{3.50}$$

このフィルタ $\boldsymbol{w}_f$ の決定基準によって，さまざまなビームフォーマが実装される。

DS ビームフォーマでは，目的信号の**ステアリングベクトル** $\boldsymbol{a}_f$ をフィルタに設定する。このフィルタの場合，複素数の内積演算によって，目的信号のマイクロホン間の到来時間差をキャンセルしてマイク数分の信号を加算する役割があるため，delay-and-sum と呼ばれる。一般的に用いるマイク数が増えれば増えるほど，目的方向以外から到来する音の振幅が減衰していくような挙動をする。ステアリングベクトルは，音源からマイクロホンまでの音の伝搬（減衰や遅延）を表現したベクトルである。一般的には，想定する音源位置とマイ

94　3.　音源分離：音を聞き分ける

クロホンの座標から算出されるため，音源位置に依存したベクトルとなる。音源信号自体の音量（振幅）とステアリングベクトルの減衰（振幅）は区別できないため，一般的にフィルタを計算する場合は以下のように正規化した値を用いる。

$$w_f = \frac{a_f}{a_f^{\mathsf{H}} a_f} \tag{3.51}$$

もし振幅を復元する場合は，分離信号に対してさらにステアリングベクトルを乗ずることで不定性をキャンセルする。これはマイク入力時点の信号に復元していることに対応する。これは他の手法でも同様であり，ブラインド音源分離の項で扱うプロジェクションバックによる復元と同じ操作である[51),52)]。

MVDR ビームフォーマは観測信号の統計情報を用いてフィルタ w_f を決定する。DS ビームフォーマと異なり，適応フィルタで見たようにデータの統計情報を取り入れた手法である。

$$w_f = \frac{R_f^{-1} a_f}{a_f^{\mathsf{H}} R_f^{-1} a_f} \tag{3.52}$$

ここで，R_f^{-1} は観測信号の共分散行列（**空間相関行列**）の逆行列であり，$R = \mathbb{E}[x_{t,f} x_{t,f}^{\mathsf{H}}]$ で定義される。サンプル近似する場合は $R = 1/T \sum_t x_{t,f} x_{t,f}^{\mathsf{H}}$ で計算できる。理想的には観測信号ではなく，雑音信号のみから計算した共分散行列 R_n を使うほうが望ましい。MVDR ビームフォーマでは，目的方向 a_f から到来する音はそのまま通過させた上で，エネルギー（分散）が小さいような信号を出力する。無歪みや最小分散などはこの辺りに由来する。結果的に，方向性を持つ雑音信号を抑圧する（雑音方向に死角を形成する）ような特性を持つフィルタが形成される。

音源定位は，音源の位置を観測信号から推定する技術であり，ビームフォーマを用いても実現できる。原理的にはフィルタ中のステアリングベクトルを音源位置 r の関数とみなし，得られた出力信号の値もしくはフィルタの応答を利用する。例えば，音源位置に依存したステアリングベクトル $a_f(r)$ を用いて，DS ビームフォーマの出力信号を計算するとつぎのようになる。

$$\hat{s}_{t,f} = \frac{\boldsymbol{a}_f(\boldsymbol{r})}{\boldsymbol{a}_f^{\mathsf{H}}(\boldsymbol{r})\boldsymbol{a}_f(\boldsymbol{r})}\boldsymbol{x}_{t,f} \tag{3.53}$$

もし，目的方向以外の音がフィルタによって抑圧されると仮定すると，この出力信号のパワーは目的方向 $\boldsymbol{r}$ のときに最大となるであろう。このように，出力信号やフィルタの値を $\boldsymbol{r}$ の関数とみなして，そのピークをサーチすることで音源定位は達成される。実際は，複数の音源の存在，反射音や残響によるダミー音像やピークの鈍りが生じるため，DS ビームフォーマでは高精度な定位を達成することは難しい。音源定位をおもに扱った手法については，文献49)，50) などを参考にされたい。

3.5.2　ブラインド音源分離：ICA, IVA, ILRMA, fastMNMF

ブラインド音源分離（blind source separation）は，観測信号のみを用いてモデルパラメータを推定することで分離を行う手法である。例えば，ビームフォーミングでは音源位置情報からフィルタ係数を計算するが，ブラインド分離ではそのような空間的パラメータもデータから推定する。事前学習不要で必要なものは対象データのみであり，教師なし学習に基づいた手法である。便利な反面，事前学習を基本的には行わないので，安定した出力を得るためには，ある程度の長さの観測信号を用いてパラメータを推定する必要がある。そのため，リアルタイム処理への拡張には工夫を要することが多い。

各手法の共通点は，伝達特性や音源に対応する確率モデルを利用し，最尤推定に基づいて分離を実現する点である。確率統計・信号処理の内容や音響音声信号の特性が活用されているため，基本的な独立成分分析に関しては内容を把握しておくことをおすすめする。

〔1〕 **ICA**　　　　独立成分分析（independent component analysis, **ICA**）は，音源の独立性を仮定して，マルチチャネルの観測信号のみから分離フィルタを推定する。このとき，部屋などの音環境や音源位置は変わらない（伝達関数が不変）という暗黙の前提も含んでいる。実用上，畳み込みが積の関係になる STFT 領域での観測モデルが用いられることが多く，その領

96　　3. 音源分離：音を聞き分ける

域で ICA を適用することを**周波数領域 ICA**（frequency domain ICA, FD-ICA）とも呼ぶ。音源数 N とマイク数 M が同じという仮定の下では，観測信号 $\boldsymbol{x}_{t,f} \in \mathbb{C}^M$ に混合行列 $\boldsymbol{H}_f \in \mathbb{C}^{M \times N}$ の逆行列 $\boldsymbol{W}_f$（分離フィルタ）を乗ずることで，元の音源信号の推定値 $\hat{\boldsymbol{s}}_{t,f} \in \mathbb{C}^N$ が得られる。

$$\boldsymbol{x}_{t,f} = \boldsymbol{H}_f \boldsymbol{s}_{t,f} \tag{3.54}$$

$$\hat{\boldsymbol{s}}_{t,f} = \boldsymbol{W}_f \boldsymbol{x}_{t,f} \tag{3.55}$$

混合行列は伝達関数で構成され，それらは事前に知ることはできないので，観測信号のみから推定する必要がある。

　分離行列を推定するためのコスト関数はいくつかあるが，最尤推定や Kullback-Leibler divergence 最小化に基づく定式化では同じ形式に落ち着く。最尤推定に基づく場合のコスト関数は

$$p(\boldsymbol{x}_{t,f}|\boldsymbol{W}_f) = |\det \boldsymbol{W}_f| \prod_n p(\boldsymbol{w}_{f,n}^{\mathsf{H}} \boldsymbol{x}_{t,f}) \tag{3.56}$$

となる。ここで，$\det \boldsymbol{W}_f$ は $\boldsymbol{W}_f$ の行列式，$\boldsymbol{w}_{f,n}^{\mathsf{H}}$ は行列 $\boldsymbol{W}_f$ の n 番目の行ベクトルであり，$\boldsymbol{w}_{f,n}^{\mathsf{H}} \boldsymbol{x}_{t,f}$ は n 番目の分離信号 $\hat{s}_{t,f,n}$ を指す。この確率密度関数は対象信号の統計的性質に基づく制約として働くので，ICA は信号が非ガウス分布に従う場合にうまく動作することになる。勾配法の一種である自然勾配法に基づく分離フィルタの更新則は，つぎのようなシンプルなものになる[†]。

$$\boldsymbol{W}_f \leftarrow \boldsymbol{W}_f + \mu \left(\boldsymbol{I} - \mathbb{E}[\phi(\hat{\boldsymbol{s}}_{t,f}) \hat{\boldsymbol{s}}_{t,f}^{\mathsf{H}}] \right) \tag{3.57}$$

ここで，$\boldsymbol{I}$ は単位行列であり，**スコア関数** ϕ は音源の確率密度関数 p に関する負の対数の導関数として定義される。期待値は通常サンプル平均で計算される。

$$\phi(x) = -\frac{\partial}{\partial x} \log p(x) \tag{3.58}$$

　期待値の中が単位行列になると更新が停止するため，ICA は非対称な非線

[†]　実数のコスト関数に対する複素変数の微分は，ウィルティンガー微分や実部虚部を分けた微分で考える。

形相関 $\mathbb{E}[\phi(\hat{\boldsymbol{s}}_{t,f})\hat{\boldsymbol{s}}_{t,f}^{\mathsf{H}}]$ を除去するように動作していることになる．音源がスパース性を持つ場合は密度関数に**ラプラス分布**を想定することが多く，その場合，スコア関数は符号関数

$$\phi(\hat{s}_{t,f,n}) = \frac{1}{2}\frac{\hat{s}_{t,f,n}}{|\hat{s}_{t,f,n}|} \tag{3.59}$$

となる．ここで，$\hat{s}_{t,f,n}$ は分離信号 $\hat{\boldsymbol{s}}_{t,f}$ の n 番目の要素である．ちなみに，分散 1 のガウス分布を密度関数に設定すると，スコア関数は線形となり，更新式中の期待値の中身は共分散行列の推定値 $\mathbb{E}[\hat{\boldsymbol{s}}_{t,f}\hat{\boldsymbol{s}}_{t,f}^{\mathsf{H}}]$ となる．その値が単位行列になると更新は停止するので，出力信号を白色化するように学習していることになる．出力信号がモデルの確率分布の性質に従うよう，フィルタが推定されることがわかるであろう．

モデルで仮定する密度関数と対象の信号の性質が合致していることは，手法をうまく動作させる上で重要である．図 **3.7** は，実際の音声信号とガウス性雑音信号の時間波形に対する振幅値の頻度およびその対数値をプロットしたものである．頻度は合計が 1 になるように正規化してあるため，実際の信号の "確率分布" を表現している．頻度を見ると，音声信号は 0 値付近の値を取ることが多く，ガウス性雑音よりも鋭いピークを持つスパースな分布であることがわかる（図 (a)）．さらに対数頻度の概形を見ると，音声信号のほうは 0 値付近を除き線形（絶対値関数），ガウス性雑音のほうは 2 次関数に近い（図 (b)）．対数を取ったラプラス分布は負の絶対値関数となるので，音声信号に

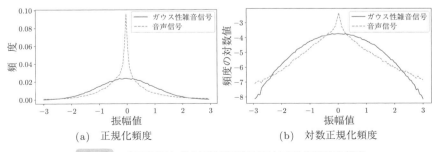

図 **3.7** 音声信号とガウス性雑音信号に対する振幅値の頻度

98   3. 音源分離：音を聞き分ける

対してラプラス分布を仮定することはある程度妥当なのである。

　ところで，ICA は教師なし学習の問題を解いているが，具体的になにをやっているのだろうか。教師なし学習は基本的には，観測信号をよく説明するようなクラスタリングを内部で行っている。観測信号中の似たような性質を持つ成分を集めて固めましょうということである。ICA における似たような性質とは，信号の統計的性質や到来方向（伝達関数，ステアリングベクトル，混合行列）である。時間方向や周波数方向の成分に関しては独立に生成されたことを仮定しているので，残った要素から考えてもそのようなのである。

　分離フィルタ $\boldsymbol{W}_f$ が推定できた後に，じつはスケーリングとパーミュテーションという二つの問題を解決する必要がある。ICA には信号の振幅に関する不定性と，信号の出力順序を決められない特性がある。前者は信号と分離行列を両方求めていることに起因するが，逆に分布の分散を 1 に固定しても問題ないことになる。後者は，ディープニューラルネットワークを用いた音源分離において PIT を用いる理由と同じである。周波数領域の ICA では，各周波数帯の各出力チャネルが同一の信号であり，かつ，周波数帯域間での相対的な振幅が復元されていないと，正しい時間領域の信号に復元できない。スケーリング問題はプロジェクションバックと呼ばれる解決方法[51),52)]，パーミュテーション問題は音源の性質を利用した解決法がある。

　ICA は確率モデルに基づく音源分離では基本的なため，自分で実装してみることをおすすめする。時間領域の瞬時混合モデルを想定する場合，スケーリングとパーミュテーション問題は生じないため，動作検証も簡単である。

〔2〕 **IVA**　　　　独立ベクトル分析（independent vector analysis, **IVA**）は，FD-ICA のパーミュテーション問題をパラメータ推定の段階で解決してしまうモデルである[53),54)]。ICA では，音源の確率密度関数が周波数帯域で独立と仮定して定義されていたが，IVA では STFT の各フレーム単位で定義される。つまり，スカラーの密度関数から，ベクトルの密度関数に変更された。具体的には，周波数ビンインデックスを $1, \ldots, F$ までとした場合，フレーム t における確率密度関数は，

$$p(\hat{s}_{t,1,n}, \hat{s}_{t,2,n}, \ldots, \hat{s}_{t,F,n}) = \alpha \exp\left(-\sqrt{\sum_f |\hat{s}_{t,f,n}^2|}\right) \tag{3.60}$$

などと定義される。本来，周波数帯域ごとに異なる分散パラメータが設定されているが，振幅の不定性からその値を1と固定している。このとき，スコア関数は

$$\phi(\hat{s}_{t,f,n}) = \frac{1}{2}\frac{\hat{s}_{t,f,n}}{\sqrt{\sum_f |\hat{s}_{t,f,n}|^2}} \tag{3.61}$$

となる。ICA の場合と比較すると，分母の正規化部分の値が異なっている。逆にいうと，ICA から IVA への変更はこの部分のみとなる。

　周波数軸にわたる確率密度関数は，周波数間で相関を持つことを許容している。ICA では周波数方向でも独立であることを仮定していたが，IVA ではそうではない。IVA の場合，ICA の作用に加え，周波数軸方向に対しても似たような成分を集めるクラスタリングのような作用がある。これは例えば，音声信号の有無であったり，スペクトログラム上でいうシマシマの構造，つまり調波構造のように特定の帯域間で連動しているような成分などである。なお，機械学習の分野では group lasso と呼ばれる，グループ内の成分はまとめるが，全体でスパースとなるような解を求める手法がある[55]。IVA と group lasso の類似点・相違点を考えてみるとよいだろう。

〔3〕**ILRMA**　　**独立低ランク行列分析**（independent low-rank matrix analysis, **ILRMA**）では，周波数軸方向や時間軸方向にわたる強弱パターンを表せる NMF を音源モデルとして導入している[56]。基本的な IVA では時間方向に関して独立性を仮定しており，周波数成分のパターンそのものに関しても制約はかけられていない。例えば，音声や，特に楽器のスペクトログラムであれば，時間-周波数成分ごとにパワーの値が異なるが，周波数軸や時間軸方向に関しては何かしら共通のパターンが感じられるのではないだろうか。ILRMA ではそのパターンを NMF で表現することで，時間-周波数パ

ターンをより正確に捉えようとしたモデルといえる。

ILRMA では，音源のパワースペクトログラム，より具体的には，各音源 n のフレーム t 周波数 f 成分のパワー（分散）$v_{t,f,n}$ を直接的にモデル化する。この分散（パワースペクトログラム）がより，少ない非負値の基底で構成されていると考え，NMF によってモデル化する。つまり，分散が

$$v_{t,f,n} = \sum_{c=1}^{B} a_{t,c,n} b_{c,f,n} \tag{3.62}$$

$$\boldsymbol{V}_n \approx \boldsymbol{B}_n \boldsymbol{A}_n \tag{3.63}$$

というように構成されているものとしてモデル化する。音源 n のパワースペクトル（の期待値）$\boldsymbol{V}_n \in \mathbb{R}_{>0}^{F \times T}$ を，B 個の基底を持つ時間パターンとスペクトルパターンの行列 $\boldsymbol{B}_n \in \mathbb{R}_{\geqq 0}^{F \times B}$，$\boldsymbol{A}_n \in \mathbb{R}_{\geqq 0}^{B \times T}$ で表現している。この分散の値は，音源の確率モデルに時変ガウス分布

$$p(\hat{s}_{t,f,n}) = \frac{1}{\pi v_{t,f,n}} \exp\left(-\frac{|\hat{s}_{t,f,n}|^2}{v_{t,f,n}}\right) \tag{3.64}$$

を仮定したときの分散（$v_{t,f,n} = \mathbb{E}[|\hat{s}_{t,f,n}|^2]$）に対応する。

分離行列に加え，これら二つの行列も同時に推定する必要がある。まず，観測信号の負の対数尤度はこの確率モデルの下で次式となる。

$$J(\boldsymbol{\Theta}) = -2 \sum_{f} \log|\det \boldsymbol{W}_f| + \sum_{t,f,n} \left(\frac{|\hat{s}_{t,f,n}|^2}{v_{t,f,n}} + \log v_{t,f,n}\right) \tag{3.65}$$

ここで，$\boldsymbol{\Theta}$ はパラメータ集合 $\{\boldsymbol{W}_f, a_{t,c,n}, b_{c,f,n}\}$ である。分散 $v_{t,f,n}$ は NMF のモデルによりさらに分解される。このコスト関数を最小化することになるが，ILRMA では音源モデルのパラメータは NMF と同様上界を最小化する交互最適化を，分離行列の推定に関しては反復射影法[57] を用いて更新される。更新式の詳細な導出過程は文献や別の書籍を参照されたい。

結果として，音源モデルパラメータに対してはつぎの乗法更新則が得られる。右辺は更新前の行列値を用いる。

$$a_{t,c,n} \leftarrow a_{t,c,n} \sqrt{\frac{\sum_f \dfrac{b_{c,f,n}}{\sum_{c'} a_{t,c',n} b_{c',f,n}} \dfrac{|\hat{s}_{t,f,n}|^2}{\sum_{c'} a_{t,c',n} b_{c',f,n}}}{\sum_f \dfrac{b_{c,f,n}}{\sum_{c'} a_{t,c',n} b_{c',f,n}}}} \tag{3.66}$$

$$b_{c,f,n} \leftarrow b_{c,f,n} \sqrt{\frac{\sum_t \dfrac{a_{t,c,n}}{\sum_{c'} a_{t,c',n} b_{c',f,n}} \dfrac{|\hat{s}_{t,f,n}|^2}{\sum_{c'} a_{t,c',n} b_{c',f,n}}}{\sum_t \dfrac{a_{t,c,n}}{\sum_{c'} a_{t,c',n} b_{c',f,n}}}} \tag{3.67}$$

ここで，$\hat{s}_{t,f,n} = \boldsymbol{w}_{f,n}^{\mathsf{H}} \boldsymbol{x}_{t,f}$ である．これらは乗法更新則なので，各ルートの中身が1になるときに更新が行われなくなる．もはや複雑でなんだかよくわからないが，その中身を少しだけ見てみよう．分母と分子で同じような計算式が登場しており，分子の右側では $|\hat{s}_{t,f,n}|^2$ に関する項が付属している．ここで，分離信号のパワーと $|\hat{s}_{t,f,n}|^2$ と推定分散 $v_{t,f,n} = \sum_{c'} a_{t,c',n} b_{c',f,n}$ が同じ値になると，ルートの中身は分母分子でキャンセルし合って1になることがわかる．

また，分離行列に関しては以下のような更新則となる．

$$\boldsymbol{Q}_{f,n} = \frac{1}{T} \sum_t \frac{\boldsymbol{x}_{t,f} \boldsymbol{x}_{t,f}^{\mathsf{H}}}{\sum_c a_{t,c,n} b_{c,f,n}} \tag{3.68}$$

$$\boldsymbol{w}_{f,n} \leftarrow (\boldsymbol{W}_n \boldsymbol{Q}_{f,n})^{-1} \boldsymbol{e}_n \tag{3.69}$$

$$\boldsymbol{w}_{f,n} \leftarrow \boldsymbol{w}_{f,n} (\boldsymbol{w}_{f,n}^{\mathsf{H}} \boldsymbol{Q}_{f,n} \boldsymbol{w}_{f,n})^{-1/2} \tag{3.70}$$

ここで，$\boldsymbol{e}_n \in \mathbb{R}^N$ は n 番目の要素1，それ以外の要素が0のベクトルである．推定分散 $v_{t,f,n} = \sum_c a_{t,c,n} b_{c,f,n}$ による重み付きで，観測信号の相関行列 $\boldsymbol{Q}_{f,n}$ が計算されていることがわかる．分散で割っているので，対象音源が存在していない，つまり，それ以外の音源に関する統計情報を計算していることになる．この辺り，MVDR ビームフォーマにおける相関行列計算と似たものを感じるのではないだろうか．文献では数値計算の不安定性やその対応に関しても言及しているので，必要に応じて参照されたい．

〔4〕 **FastMNMF**　最後に，**FastMNMF**[58] について，その背景を

102   3. 音源分離：音を聞き分ける

含めて簡単に触れておく。まず，音源モデルに NMF を，空間モデルにフルラ
ンク空間相関行列[59]を用いたより一般的な Multichannel NMF（**MNMF**）
という手法が提案されている[60]。ILRMA での空間モデルは 1-Rank を仮定
しており，MNMF の一つの特殊系という関係にある。フルランクやら，1-
Rank やら突然出てきたが，伝達係数が直接音のみを含む場合のモデルが 1-
Rank，反射経路や残響・音源位置のブレなどにより伝達係数もバラつきがあ
ると仮定したモデルがフルランクだと認識しておくとよい。FastMNMF はこ
の MNMF の計算量を削減したモデルとなっている。MNMF ではパラメータ
推定の際の逆行列計算が問題となっていたが，FastMNMF は空間相関行列に
対して同時対角化が可能という制約を課すことで高速なアルゴリズムを導出し
ている。実装は著者らのものが公開されており，pyroomacoustics でも使われ
ている。数理的な詳細は難しく，本書で必要な範囲を超えるので，おもに次節
で紹介する実装例に目を通すとよいだろう。

3.5.3　ディープニューラルネットワークを併用した手法

　ここではディープニューラルネットワーク（DNN）とビームフォーマやブ
ラインド音源分離を組み合わせた基本的な手法について簡単に紹介する。マル
チチャネルでは空間情報を利用可能なため，その情報をうまく利用することが
分離性能向上のポイントとなる。

　〔**1**〕 **マルチチャネルにおける入力特徴量**　　モノラル信号の場合，マスク
推定にはパワースペクトルやエンコーダの出力などを用いていたが，マルチ
チャネルの場合は空間的な情報も活用できる。STFT 領域でのマスク推定な
どでは，パワースペクトル・フィルタバンク特徴量のほか，マイク間の強度差
（ITD）やマイク間位相差（IPD）といった特徴量も利用される。マスク推定
するネットワークへの入力が変わるだけなので，手元で試すことは難しくな
い。ITD や IPD は 2 章で説明しているので，各モデルをマルチチャネル用に
拡張する際は試してみるとよいだろう。

　〔**2**〕 **DNN マスク推定＋MVDR ビームフォーマ**　　MVDR ビーム

フォーマでは，理想的には雑音信号の空間相関行列 $\boldsymbol{R}_{f,n}$ を計算する必要がある。これに対して，DNN マスク推定で雑音信号成分を推定し，その結果に基づいて雑音の空間相関行列を計算する手法が提案されている[61]。事前学習による強力な DNN モデルと歪みの少ない空間フィルタのいいとこ取りを狙ったアプローチである。

STFT 領域フレーム番号 t，周波数番号 f において，DNN で推定されたマスク $m_{t,f}$ を用いて，**雑音空間相関行列**を次式で計算する。

$$\boldsymbol{R}_{f,n} \approx \frac{\sum_t m_{t,f} \boldsymbol{x}_{t,f} \boldsymbol{x}_{t,f}^{\mathsf{H}}}{\sum_t m_{t,f}} \tag{3.71}$$

ステアリングベクトル $\boldsymbol{a}_f$ が必要となるが，これは目的信号に対する空間相関行列の固有値で代用する。最も寄与率が大きい固有ベクトルを抽出する演算子を $\mathcal{P}$ とし，マイクアレーにおける基準マイクの番号を q としたとき

$$\boldsymbol{d}_f = \mathcal{P}\{\boldsymbol{R}_{f,n}\} \tag{3.72}$$

$$\boldsymbol{a}_f = \frac{\boldsymbol{d}_f}{d_{f,q}} \tag{3.73}$$

とした上で，フィルタ $\boldsymbol{w}_f$ を計算する。ここで，$d_{f,q}$ は $\boldsymbol{d}_f$ の q 番目の要素を表す。

$$\boldsymbol{w}_f = \frac{\boldsymbol{R}_{f,n}^{-1} \boldsymbol{a}_f}{\boldsymbol{a}_f^{\mathsf{H}} \boldsymbol{R}_{f,n}^{-1} \boldsymbol{a}_f} \tag{3.74}$$

マスクはニューラルネットワークのフォワード計算で行われるため，観測データから反復推定法などを用いて推定する必要がない。そのため，GPU が利用できる環境であれば，リアルタイム処理などにも向いている方式である。

〔**3**〕 **Power Spectral Density 推定 + ブラインド音源分離**　ブラインド音源分離と DNN を併用するアプローチでは，STFT 領域での音源モデルに対応する power spectral density（**PSD**）パラメータを DNN で推定する[62]~[65]。具体的には，時変ガウス分布における分散パラメータを DNN で予測している。基本的に予測に用いる DNN は事前学習しておくことが多く，教師ありで学習する場合と教師なしで学習する場合がある。後者では混合音

のみを用いて DNN を学習する。例えば，深層フルランク空間相関行列分析では，variational auto encoder（**VAE**）[18] のフレームワークに基づいて混合音から教師なしでパラメータ予測 DNN を学習している[66]。事前に大量のデータを用いて学習するため，教師なしでの学習が可能となっていると考えられる。また，この手法は観測データに移動音源が含まれていてもモデルの学習や実行時の分離ができるように拡張されている[67]。

3.6　音源分離技術の実装例

3.6.1　エコーキャンセラ：システム音声の除去

実際に Python ライブラリを用いて，LMS, NLMS, RLS を実装してみよう。ここでは Pyroomacoustics ライブラリを利用する。時間領域のフィルタのほか，LMS・NLMS では周波数領域（サブバンド領域）での実装もサポートしている。

〔1〕　**NLMS**　　LMS および NLMS は，pyroomacoustics.adaptive にある BlockLMS および NLMS クラスから利用できる。LMS そのものは実装されておらず，もし使いたい場合は BlockLMS の nlms オプションをデフォルト値の False に設定することで利用可能となる。ここでは NLMS を用いる場合の具体例（プログラム 3-1）を見ていこう。

―――――――――― プログラム **3-1** ――――――――――

```
import pyroomacoustics
from scipy.io import wavfile
import numpy as np
import matplotlib.pyplot as plt

# read audio wav files
fs, x = wavfile.read('ref.wav')
fs, d = wavfile.read('obs.wav')

# initialize the filter
nlms = pyroomacoustics.adaptive.NLMS(256, 0.5)

# run the filter on a stream of samples
```

```
e = np.zeros(len(x))
for i in range(len(x)):
    x_vec = np.concatenate((x[i:i+1], nlms.x[:-1]))
    e[i] = d[i] - np.inner(x_vec, nlms.w)
    nlms.update(x[i], d[i])
```

まず，d および x にそれぞれ観測信号，既知の参照信号を wav ファイルから読み込む。つぎに，フィルタ長を引数に渡して，NLMS のコンストラクタを呼び出す。NLMS クラスの update メソッドは 1 サンプル分のデータを渡す。このメソッドにより，内部バッファにデータを蓄積しつつ，フィルタを更新する。適応速度を確認するため，予測誤差，つまり観測信号から既知信号成分を除いた残差信号を変数 e に格納している。音声対話システムのシナリオでは，この残差信号にユーザの音声信号が入っているはずである[†1]。

〔**2**〕 **RLS**　　RLS も NLMS とほぼ同様の流れで実装できる（プログラム 3-2）。ここでは wav ファイルの読み込み部分と波形のプロット部分は省略している。

──────── プログラム **3-2** ────────

```
# initialize the filter
rls = pyroomacoustics.adaptive.RLS(256, lmbd=0.999,
              delta=1.0e2, dtype=np.float64)

# run the filter on a stream of samples
e = np.zeros(len(x))
for i in range(len(x)):
    x_vec = np.concatenate((x[i:i+1], rls.x.top(rls.length-1)))
    e[i] = d[i] - np.inner(x_vec, rls.w[:len(x_vec)])
    rls.update(x[i], d[i])
```

RLS のコンストラクタには，フィルタ長のほか，忘却係数の λ や正則化パラメータを設定できる。ここでは数値誤差の影響をなるべく抑えるために，データ型を倍精度に設定している[†2]。NLMS と同様 update メソッドが実装さ

───────────────────────────

[†1]　更新後のフィルタを用いて事後的に算出した値を用いるほうが誤差は小さい。
[†2]　また，pyroomacoustic のコードも一部修正している。P_t の対称性を担保するため，行列の更新後に $P_t \leftarrow (P_t + P_t^\mathsf{T})/2$ という計算を加えた。

れており，フィルタ更新必要なデータを1サンプル分渡す。RLS が保持するメンバ変数を利用するため，残差信号の計算部分が NLMS と少し異なっている。各クラスの内部実装は実際に目で見て確かめることができる。勉強にもなるので，一度目を通すことをおすすめする。インストールディレクトリ以下の pyroomacoustics/adaptive/lms.py などが適応フィルタのソースコードに該当する。

〔3〕 **動 作 例**　最後に，NLMS と RLS の動作例を見ていこう。動作確認に用いた観測信号および参照信号の時間波形を**図 3.8** にプロットしている。観測信号は参照信号にインパルス応答を畳み込んで生成したシミュレーションデータである。**図 3.9** のプロットは誤差および推定された伝達係数（インパルス応答）であり，左側に NLMS，右側に RLS の結果を表示している。誤差はパワーの対数をデシベルでプロットしたものであり，各時刻の値は $10 \log_{10} e_t^2$ に対応する。

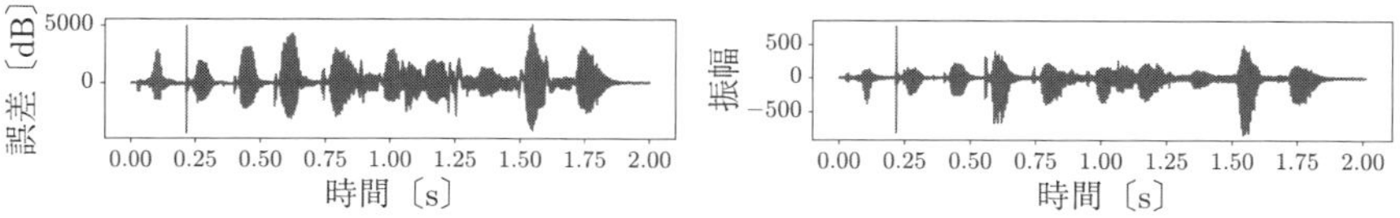

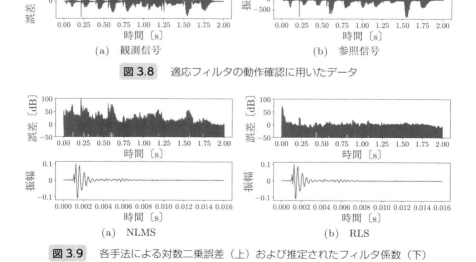

図 3.8　適応フィルタの動作確認に用いたデータ

図 3.9　各手法による対数二乗誤差（上）および推定されたフィルタ係数（下）

誤差に関しては，NLMS よりも RLS のほうが全体的に低い値を取っている。NLMS は時間が経つにつれて誤差が減少傾向にあるが，2 s 時点の誤差は RLS の誤差よりも高い値となっており，RLS の適応速度が優れていることがわかる。ただし，誤差の値自体は非常に小さい。演算量の観点も考慮に入れると，用途によっては NLMS でも十分に使えることもあるだろう。実際，推定されたインパルス応答は，細かい点は異なっているものの，おおよそ NLMS と RLS で推定されたものは一致している。

3.6.2　音声強調：音声・非音声雑音から音声の抽出

本項では，DeMask および ConvTasNet, SepFormer による音声強調の実装例を示す。Pre-trained モデルを用いる場合，通常，モデルを指定するパスさえ指定すれば，ライブラリが自動的にモデルをダウンロードしてくれる。そのため，手元のファイルに対して簡単に音声強調を試すことが可能である。ここでは公開されている Pre-trained モデルの都合上，Demask と ConvTasNet は asteroid, SepFormer は speechbrain による実装を用いる。また，入力には 16 kHz でモノラル録音された音響信号を，混合している音源種としては音声と非音声を想定している。

〔1〕**Demask**　Demask モデルによって音声強調を行う例をプログラム 3-3 に示す。Asteroid の枠組みで pre-trained モデルをロードするには，BaseModel クラスの from_pretrained メソッドを呼び出せばよい。引数は pre-trained モデルを指定するパスであり，ローカル上でパスが見つからない場合は Web からモデルを自動でダウンロードする。例えば，Zenodo というサイトからどのような pre-trained モデルがあるか検索できる[†]。separate メソッドに読み込んだ観測信号のテンソルを渡すと，音声強調された結果が返ってくる。

―――――― プログラム **3-3** ――――――

```
import torchaudio
```

―――――――――――――――――――

[†]　https://zenodo.org/communities/asteroid-models/search

```
from asteroid.models import BaseModel

model = BaseModel.from_pretrained(
            "popcornell/DeMask_Surgical_mask_speech_enhancement_v1")
mix, fs = torchaudio.load(filepath='obs.wav')

model.cuda()
sep = model.separate(mix)
```

〔2〕　**ConvTasNet**　　ConvTasNet モデルによって音声強調を行う例が
プログラム 3-4 である。Demask と異なる部分は pre-trained モデルの読み込
み部分だけなので，該当箇所だけを示している。このように，ロードしたいモ
デルのパスだけ変更すれば，ほかのコード部分を変更する必要はない。簡単で
あろう。

―――――――― プログラム **3-4** ――――――――

```
model = BaseModel.from_pretrained(
            "mhu-coder/ConvTasNet_Libri1Mix_enhsingle")
```

〔3〕　**SepFormer**　　SepFormer モデルによって音声強調を行う例がプ
ログラム 3-5 である。speechbrain による実装を用いているため，呼び出すべ
き関数は asteroid とは異なるが，処理の流れ自体は同じだということがわか
るであろう。Pre-trained モデルのロードは，モデルのパスを引数に渡して
SepformerSeparation の from_hparams メソッドを呼び出すことで行われる。
Hugging Face から speechbrain の pre-trained モデルを探して簡単に利用で
きる[†]。観測信号の tensor を引数に渡して separate_batch メソッドを呼び出
すことで，音声強調処理が実行される。

―――――――― プログラム **3-5** ――――――――

```
import torchaudio
from speechbrain.pretrained import SepformerSeparation as separator

model = separator.from_hparams(
        source="speechbrain/sepformer-wham16k-enhancement",
        savedir='pretrained_models/sepformer-wham16k-enhancement')
```

[†]　https://huggingface.co/speechbrain

```
mix, fs = torchaudio.load(filepath='obs.wav')
sep = model.separate_batch(mix)
```

〔4〕 **動作例** 事前学習済みモデルを用いた DeMask, ConvTasNet, SepFormer による音声強調の動作例を見ておこう。動作確認に用いた観測信号および正解の音声信号のスペクトログラムを図 3.10 にプロットしている。観測信号は，音声信号に白色雑音を重畳して生成したシミュレーションによるデータである。図 3.11 は，各手法で音声強調された信号のスペクトログラムであり，図 (a) に DeMask，図 (b) に ConvTasNet，図 (c) に SepFormer による結果を示している。DeMask モデルは LibriSpeech, ConvTasNet および SepFormer モデルは LibriMix データを用いて学習されている。LibriMix データは実収録された背景雑音データを用いており，白色雑音などと比べてより複雑な雑音信号パターンが学習できると考えられる。学習データや NN モデルが統一されているわけではないので，あくまでも公開されているモデルパラメータを用いた場合の動作例であることを強調しておく。

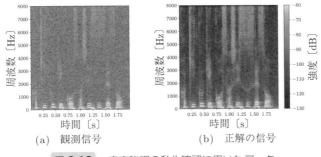

図 3.10 音声強調の動作確認に用いたデータ

各モデルにより強調音声信号は観測信号における白色雑音を抑圧しているが，抑圧の度合いはそれぞれ異なっている。正確には SNR 等の尺度で性能比較する必要があるが，ここでは音声強調された信号と正解の音声信号のスペクトログラムを見比べることで確認する。観測信号と正解の音声信号のスペクトログラムを比べると，一定の強さ未満の音声成分が白色雑音に埋もれているこ

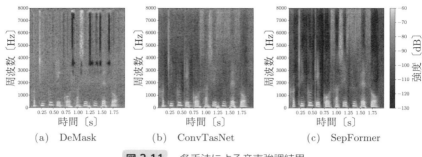

図 3.11 各手法による音声強調結果

とがわかる。DeMaskの結果では，1sから2sの間の子音に対応する箇所が強くマスクされており（色が暗い箇所），それ以外の部分でもあまり雑音が抑圧されていない。ConvTasNetの結果では，4000 Hz前後の帯域における白色雑音成分が抑圧されており，周波数軸方向に音の強弱の変化が見られる。一方で，7000 Hz前後の帯域では雑音があまり抑圧されていない。SepFormerの結果では，高周波帯域においてConvTasNetの結果と比べて白色雑音が抑圧されており，正解のスペクトログラムにより近づいている。これらは学習データやネットワーク構造の違いの両方に起因すると考えられる。今回の例ではSepFormerがうまく動作していたが，それでも正解の音声のスペクトログラムを完全には再現していないこともわかるであろう。

3.6.3 音源分離：すべての信号を抽出

ここではpyroomacousticsを利用し，IVA，ILRMAおよびFastMNMFの実装例を取り上げる。基本的に事前学習は不要なため，混合音を引数として，該当モジュールに渡すだけで分離できる。入力には16 kHzで3チャネルで録音された3話者の混合音声信号を想定している。

〔1〕**IVA** IVAによって音源分離を行う例がプログラム3-6である。時間周波数領域でのモデルのため，ファイルの読み込み後，STFTを適用する必要がある。また，分離結果も同様で，時間波形に戻すためにiSTFTを適用しなければならない。実際の分離の実行は，関数 pra.bss.auxiva を呼び出

3.6 音源分離技術の実装例　　111

すだけであり，非常に簡単である。

────── プログラム **3-6** ──────

```python
from scipy.io import wavfile
import pyroomacoustics as pra
import numpy as np
import matplotlib.pyplot as plt

# read multichannel wav file
fs, audio = wavfile.read('obs.wav')

# STFT analysis parameters
fft_size = 4096        # 'fft_size / fs' should be ~RT60
hop = fft_size // 2  # half-overlap
win_a = pra.hann(fft_size)  # analysis window
win_s = pra.transform.compute_synthesis_window(win_a, hop)

# STFT
X = pra.transform.analysis(audio, fft_size, hop, win=win_a)

# Separation
Y = pra.bss.auxiva(X, n_iter=100)

# iSTFT (introduces an offset of 'hop' samples)
y = pra.transform.synthesis(Y, fft_size, hop, win=win_s)
y = np.array(y, dtype='int16')

wavfile.write('iva_out.wav', fs, y)
```

〔**2**〕 **ILRMA**　　ILRMA によって音源分離を行う例の一部がプログラム 3-7 である。分離処理を行うモジュール以外のコードは IVA の場合と同じであるため省略している。行列分解における基底の数を指定する必要があり，ここでは pra.bss.ilrma の引数 n_components で与えている。また，動作の再現性を担保する場合は，numpy などの乱数のシードを設定しておく。呼び出すモジュールは pra.bss.ilrma であり，IVA が試せたら ILRMA を試すプログラムも簡単に書けるであろう。

────── プログラム **3-7** ──────

```python
# Separation
Y = pra.bss.ilrma(X, n_iter=100, n_components=4)
```

〔3〕 **FastMNMF** FastMNMFによって音源分離を行う例の一部がプログラム3-8である。呼び出すモジュールはpra.bss.fastmnmfであり，それ以外の部分はIVA，ILRMAと同じである。ILRMAと同様に，行列分解における基底の数を引数n_componentsで指定する必要がある。

───────── プログラム 3-8 ─────────
```
# Separation
Y = pra.bss.fastmnmf(X, n_iter=100, n_components=4)
```

〔4〕 **動 作 例** IVA，ILRMA，FastMNMFによるマルチチャネルブラインド音源分離の動作例を見ておこう。動作確認に用いた3チャネル観測信号のスペクトログラムを図 **3.12** にプロットしている。観測信号は，3話者（男性1名，女性2名）の音声信号に3チャネルのインパルス応答を重畳して生成したシミュレーションによるデータである。図 **3.13** は，各手法で分離された信号のスペクトログラムであり，図（a）にIVA，図（b）にILRMA，図（c）にFastMNMFによる結果を示している。見やすさを考慮し，

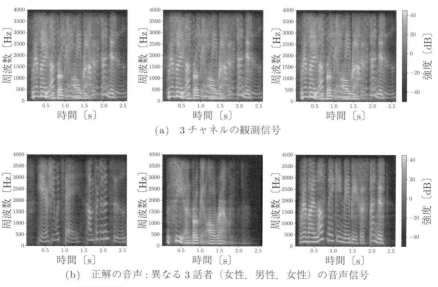

(a) 3チャネルの観測信号

(b) 正解の音声：異なる3話者（女性，男性，女性）の音声信号

図 3.12 ブラインド音源分離の動作確認に用いたデータ

3.6 音源分離技術の実装例　　113

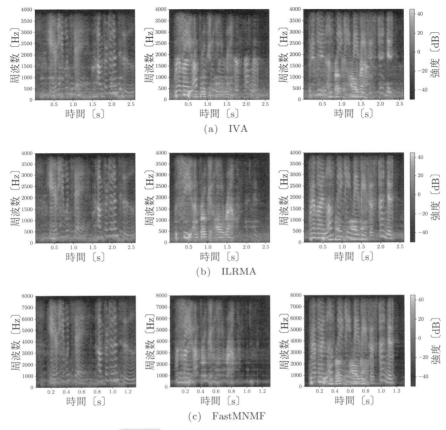

図 3.13　各手法による分離信号（3 音源分）

スペクトログラムは 4 000 Hz 以下の帯域に絞ってプロットしている。ILRMA と FastMNMF における基底数パラメータは 4 に設定しており，今回のデータに対してうまく動作するような値を選んだ。

　各手法である程度は音源分離できているが，おもにパーミュテーションエラーの起き方に差が見られる。正確には SNR 等の尺度で性能比較する必要があるが，ここでは分離信号と正解の音声信号のスペクトログラムを見比べることで確認する。すべての手法において，左側の分離信号は正解の音声信号と同じようなスペクトログラムになっており，おおよそ分離が達成されていること

114   3. 音源分離：音を聞き分ける

がわかる。

IVA では，中央と右側の分離信号において，2 000 Hz を境に調波構造が不連続になっており，それぞれで周波数成分が入れ替わっていることがわかる。チャネル間でまったくのバラバラになっているわけではないが，この分離結果を時間波形に再合成した場合，各話者の音声が混じって聞こえることになる。また，左側の分離信号においても，1 000 Hz 付近に違う話者のスペクトル成分が混入していることもわかる。

ILRMA や FastMNMF ではこのような大規模な周波数成分の入れ替わりは生じていないが，左側と中央の分離結果で差が見られる。左側の分離信号では，冒頭や中盤の時刻において，ILRMA よりも FastMNMF のほうが別話者のスペクトル成分を抑圧している。一方，FastMNMF による中央の分離信号では，冒頭や中盤の時刻において，別話者のスペクトル成分の漏洩や目的話者のスペクトル成分の抑圧が見られる。逆に ILRMA の分離信号は，正解話者のスペクトログラムに見た目としては近く，相対的に分離が成功している。

各自が用いるデータセットごとのいくつかの例に関して，分離結果を目で確認することをおすすめする。今回の動作例を含め，データの性質によって手法の挙動が変わることはもちろん，教師なし学習手法は初期値依存性があるため，乱数設定によっては試行ごとに異なる分離結果が出てくることもある。逆に，別の手法を併用してうまく初期値を与えることで性能が大きく改善することもある。また，基底数といったハイパーパラメータ設定でも性能は変わってくる。今回挙げたブラインド音源分離手法は事前学習が不要なため，パラメータ等の設定を変更した後の分離結果をその場で目視確認することはたやすい。機械学習の勘所をつかむという意味でもいろいろと試行錯誤をしてみるとよい。

3.6.4 音楽音響信号分析

モノラル音源分離技術を用いて，音楽音響信号に対する分析や分離を行ってみよう。ここでの音楽データセットとして，研究用途では無償で利用可能

3.6 音源分離技術の実装例 *115*

な MUSDB18 を取り上げる†。このデータセットには，混合音（mixture）の
ほか，ドラムス（drums），ボーカル（vocals）など音源ごとの音響信号が含
まれている。そのため，ディープニューラルネットワークの学習にも利用しや
すい。なお，プログラム例では MUSDB の各データセットを適当に配置して
いることを前提としている。

〔1〕 **非負値行列分解を用いた分析と動作例** 非負値行列分解を音声信
号に適用した例をプログラム 3-9 に示す。NMF 実装は scikit learn のものを
用いており，基本的には分析対象のスペクトログラムを与えるだけで動作す
る。勾配法と乗法更新則に基づく学習が実装されており，ここでは後者の乗法
更新則を用いている。

─────── プログラム **3-9** ───────

```python
from scipy.io import wavfile
import pyroomacoustics as pra
from sklearn.decomposition import NMF
import numpy as np
import matplotlib.pyplot as plt

# read audio wav files
audio = './train/Music Delta - Beatles/vocals.wav'
fs, x = wavfile.read(audio)
audio = x[:,0]

# STFT analysis parameters
fft_size = 1024       # 'fft_size / fs' should be ~RT60
hop = fft_size // 2  # half-overlap
win_a = pra.hann(fft_size)  # analysis window
win_s = pra.transform.compute_synthesis_window(win_a, hop)

# STFT
X = pra.transform.analysis(audio, fft_size, hop, win=win_a)
P = np.abs(X)**2
P = P[:,:fft_size//4]
eps = np.min(P)

model = NMF(n_components=10,solver='mu', init=None, random_state=0)
W = model.fit_transform(P)
```

───────────────────────────────

† https://zenodo.org/record/3270814, https://zenodo.org/record/1117372

```
H = model.components_
```

　図3.14は，観測スペクトログラムとNMFを適用して得られた行列等を可視化したものである。図（a）が周波数分布パターン，図（b）が観測スペクトログラム，図（c）が再合成したスペクトログラム，図（d）がアクティベーションパターンである。周波数分布パターンを見ると，主要な音声のスペクトルパターン（調波構造）が周波数分布パターン（基底）として獲得されているように見える。また，アクティベーションパターンにおいても，時間方向の活性化パターン（基底）が獲得されている。例えば，音声が一時的にない時刻においては，どの基底も活性化していないことがわかる。学習された基底から再構成したスペクトログラムも，元の調波構造を大まかに再現していることがわかる。基底数を増やすと，調波構造の変化をより滑らかに近似できるであろう。

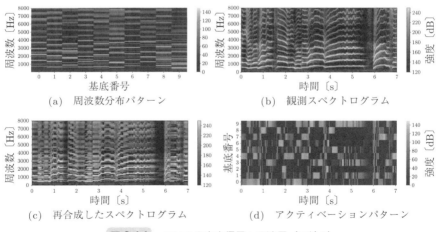

(a) 周波数分布パターン　　(b) 観測スペクトログラム

(c) 再合成したスペクトログラム　　(d) アクティベーションパターン

図3.14　NMFの音声信号への適用（口絵3）

　ここではNMFによる分解の例を示したが，モノラルの混合音から各音源信号への分離にNMFを応用する際には，分解された成分を音源ごとにまとめる必要がある。推定された各基底がどの音源の基底に対応するかわからないの

で，各音源のスペクトログラムを復元することができないからである。単純には基底ベクトルのクラスタリングを行うか，事前学習した基底を用いてアクティベーションパターンだけを推定するアプローチがある。

〔2〕 **ConvTasNet を用いた特定パート音抽出と動作例** ConvTasNet を音楽音響信号の分離に適用した例をプログラム 3-10 に示す。ここでは，著者らが事前学習させたモデルを用いて，混合信号からボーカル（vocal）またはドラムス（drums）を抽出する ConvTasNet を動作させている[†]。まず，学習済みのモデルパラメータファイル（ここでは vocal 用）を読み込み，ConvTasNet モデルに設定している。MUSDB の test set から混合信号を一つ読み込み，それを separate メソッドで分離を行っている。モデルパラメータの読み込みを行っている点のみが音声強調における例と異なっているだけである。

━━━━━━━━ プログラム 3-10 ━━━━━━━━

```
from asteroid.models import BaseModel, ConvTasNet

model = ConvTasNet(n_src=1)
ckpt_path = 'convtasnet_vocals.ckpt'
checkpoint = torch.load(ckpt_path, map_location=torch.device('cpu'))
state_dict = {
    key[6:] : checkpoint['state_dict'][key]
    for key in checkpoint['state_dict']
}
model.load_state_dict(state_dict)

mixture, fs = torchaudio.load(
    filepath='./test/AM Contra - Heart Peripheral/mixture.wav'
    )
mix = mix[0:1,:]

model.cuda()
sep = model.separate(mix)
```

図 **3.15** (b)，(c) にそれぞれ，抽出したボーカルとドラムの時間波形（上）

[†] モデルパラメータファイル convtasnet_vocals.ckpt などは書籍サイトからダウンロードできる。

118   3. 音源分離：音を聞き分ける

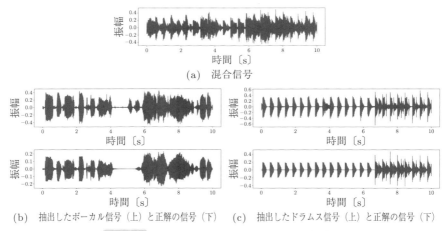

(a) 混合信号

(b) 抽出したボーカル信号（上）と正解の信号（下）　(c) 抽出したドラムス信号（上）と正解の信号（下）

図 3.15 音楽音響信号からの特定パート音の抽出

と正解の信号の時間波形（下）を示す。また，図 (a) は入力した混合信号の時間波形である。ボーカル・ドラムスともに完全な分離はできていないが，目的音以外の成分がおおよそ抑圧され，正解の信号に近い波形になっていることがわかる。実際に分離音を聞くと，対象の音信号が強調されている。今回は楽器ごとに別のモデルを学習したが，抽出したい信号が固定数なのであれば，出力ノードを五つにしてそれぞれを出力させることもできる。

3.6.5　事前学習や fine-tuning

ここまでに登場した実装例では pre-trained モデルを用いていたが，本項では自ら準備したデータで用意されたモデルを学習させる手順を説明する。比較的取り掛かりやすいモノラル信号に対する分離を対象とし，ここでは Asteroid における ConvTasNet を pytorch の Lightning framework を用いて学習させるコーディングの例を示す。ツールやライブラリに依存する関数コール以外の基本的なフローは，どの手法どのツールでも同じである。

まず，Asteroid の Tutorial どおりであるが，ライブラリに備え付けのモデルとデータローダでの実装例をプログラム 3-11 に示す。ここではモノラル信号から 2 話者の音声信号を分離するタスクを想定している。データは LibriMix コーパスを用い，モデルは ConvTasNet を設定している。ConvTasNet には出力音源数を設定する引数があるので，タスクに応じて適切な値に設定する。また，PIT や loss，optimizer の設定が続く。最後に，trainer にこれらの設定を渡すことで学習が開始する。学習結果はデフォルトで lightning_logs というディレクトリが生成され保存される。GPU を利用する場合はマシンのメモリ量を考慮して，ミニバッチ数などを変更する必要が出てくることもある。特に巨大なモデルを使うときに注意が必要である。

```
──────────── プログラム 3-11 ────────────

# データローダ: 必要に応じてここを自分で作る
from asteroid.data import LibriMix
train_loader, val_loader = LibriMix.loaders_from_mini(task="sep_clean",
        batch_size=2)

# モデル: 必要に応じてここを修正する
from asteroid.models import ConvTasNet
model = ConvTasNet(n_src=2)

# Loss: 必要に応じてここを修正する
from asteroid.losses import pairwise_neg_sisdr, PITLossWrapper
loss = PITLossWrapper(pairwise_neg_sisdr, pit_from="pw_mtx")

from torch import optim
optimizer = optim.Adam(model.parameters(), lr=1e-4)

from asteroid.engine import System
system = System(model, optimizer, loss, train_loader, val_loader)

from pytorch_lightning import Trainer
trainer = Trainer(gradient_clip_val=1.0, accelarator='gpu',
                  max_epochs=300, devices=1, deterministic=True)
trainer.fit(system)
```

　このコードをベースにして，独自のモデルやデータローダを使うよう改造すれば，独自のタスクにおけるモデル学習が可能となるであろう。Asteroid 備え付けのモデルであれば，モデルのインスタンス生成部分を書き換えるだけで，違うモデルの学習が実現できる。もちろん，自作したモデルで差し替えれば，このフレームワーク上でモデル学習が行える。このとき，自作モデルの出

120　3.　音源分離：音を聞き分ける

力形式（テンソルの次元数や内容）はフレームワークが前提としている形式に直す必要がある。

　データローダも Asteroid にいくつか備え付けのものがあるので，それらを活用することもできる。ただし，データセットによっては，入力信号がモノラルであったり，マルチチャネルであったりと前提が異なるので，対応してモデルの設定も変更する必要がある。また，入力信号全体を読み込んで処理することは少なく，たいてい 3 s 程度の区間の信号を切り出して処理する。例えば，LibriMix の loaders_from_mini 関数には segment という引数があるが，これが切り出す信号長を指している。これが長いと，特に GPU メモリが足りなくなることもあるので，その設定には十分注意する必要がある。もちろん，自前でデータローダを実装する場合も注意しなければならない。ConvTasNet の学習を安定化させるために Gradient clipping を適用している。これは System 関数にその閾値の値を gradient_clip_val として設定するだけでよい。

　データローダを自作することも多いと思われるので，ここでは最小限の例をプログラム 3-12 に示す。

── プログラム **3-12** ──

```python
import numpy as np
import pandas as pd
import soundfile as sf
import torch
from torch.utils.data import Dataset, DataLoader
import random as random

class MyDataset(Dataset):
    """
    Args:
      csv_dir (str): The path to the metadata file.
      sample_rate (int): The sample rate of the sources and mixtures.
      n_src (int): The number of sources in the mixture.
      segment (int, optional): The desired sources and mixtures length
      in s.
    """
    def __init__(
        self, csv_file, sample_rate=16000, n_src=2, segment=3,
        random=False
```

```
    ):
        self.csv_file = csv_file
        self.segment = segment
        self.sample_rate = sample_rate
        self.seg_len = int(self.segment * self.sample_rate)
        self.df = pd.read_csv(self.csv_file)
        self.n_src = n_src
        self.random = random

    def __len__(self):
        return len(self.df)

    def __getitem__(self, idx):
        # Get the row in dataframe
        row = self.df.iloc[idx]

        # Get mixture path
        mixture_path = row["mixture_path"]
        self.mixture_path = mixture_path

        sources_list = []
        if self.random is True and row["length"] - self.seg_len > 0:
            start = random.randint(0, row["length"] - self.seg_len)
        else:
            start = 0
        stop = start + int(min(row["length"], self.seg_len))

        # Read sources
        for i in range(self.n_src):
            source_path = row[f"source_{i + 1}_path"]
            s, _ = sf.read(source_path, dtype="float32",
                                start=start, stop=stop)
            sources_list.append(s)

        # Read the mixture
        mixture, _ = sf.read(mixture_path, dtype="float32",
                                start=start, stop=stop)

        # Convert to torch tensor
        mixture = torch.from_numpy(mixture)
        sources = np.vstack(sources_list)
        sources = torch.from_numpy(sources)

        return mixture, sources
```

122　　3.　音源分離：音を聞き分ける

```python
@classmethod
def loaders(cls, train_csv, val_csv, batch_size=4, **kwargs):
    train_set = cls(train_csv, random=True, **kwargs)
    val_set = cls(val_csv, random=False, **kwargs)
    train_loader = DataLoader(train_set,
        batch_size=batch_size, drop_last=True, num_workers=4)
    val_loader = DataLoader(val_set,
        batch_size=batch_size, drop_last=True, num_workers=4)
    return train_loader, val_loader
```

　このコードは LibriMix のローダから最小限の手続きのみを抽出したものである。まず前提となるのが，学習に用いるデータセットの情報を記述した csv ファイルである。この csv ファイルは，「番号，ID，混合信号ファイルへのパス，正解の源信号へのパス 1，正解の源信号へのパス 2，信号長（サンプル数）」が記載されている。

```
,mixture_ID,mixture_path,source_1_path,source_2_path,length
1,ID-001,mix001.wav,src01.wav,src02.wav,121920.0
...
```

これらは各サンプルについてすべて記述する必要がある。データローダ本体では，この csv ファイルの情報に基づいて，モデル学習へ使われるデータを形成する。実装すべきメソッドは_getitem_であり，その出力は混合信号のテンソル（信号長），正解信号のテンソル（音源数 × 信号長）である。サンプルコードでは，指定されたインデックスに対応するサンプル情報に基づき，切り出す波形の位置を segment 長と csv ファイルに書かれている length から決定し，該当区間の混合信号と正解信号を読み込んでいる。コード量としては多くはないが，自前のデータセットに対して事前に csv ファイルを生成しておく必要がある。find といった unix コマンドや音声編集ツール SoX のコマンド sox を用いて，自動生成するスクリプトを書いておくと楽であろう。

　データローダにおいては，データの読み込み時にさまざまな処理を加えることもできる。基本的には，モデル学習に用いるデータをどのように提供す

るか，を考えた上で，csv に記述する情報やローダ内の処理の手続きを実装するとよいだろう。例えば，混合信号などを正解の信号から合成するというポリシーなのであれば，csv ファイルに混合信号の情報を記述する必要はない。length フィールドの値も，信号の読み込み時に取得できる。サンプリング周波数の変換（ダウンサンプリングなど）や別の雑音信号の重畳，インパルス応答を用いた畳み込みなども，データローダ内で行うことができる。ただ，何度も同じ処理をエポックのたびに繰り返すのは無駄であり，学習にもその分時間がかかる。そのため，csv ファイルを生成する前に必要な前処理はできるだけ済ませておくことが望ましい。

Fine-tuning は，学習済みモデルをロードし，必要に応じてデータローダを変更することで実現できる。このとき，いつ止めるかが問題となるが，最も単純には固定 epoch 数で停止することであろう。Lightning フレームワークでは valid set を用いた early stopping の実装も可能である。具体的な方法はtutorial や web のサンプルを参考にすれば，実装は難しくないと考える。

3.7 その他のトピック

ここではディープニューラルネットワークに基づく音源分離にまつわるテクニックをいくつか紹介する。ネットワーク構造自体は新しいものが次々登場するため，ネットワークの中身よりも一つ外側のこと，例えば，学習方法や入出力設定，問題設定などで興味深い「応用の仕方の工夫」を取り上げたつもりである。本節の内容も今後残るとは限らないが，基本的な考え方やアプローチは参考になり，各自のタスクに合わせた新たな工夫を行いやすいと考えている。自身のタスクにおける応用もしくは発展に役立てれば幸いである。

3.7.1 Recursive Souce Seapration

ディープニューラルネットワークで音源分離を実現する場合，分離したい音源数分の出力ノードを設定する必要があった。これは事前に分離したい音源数

の上限を定めることと同じであり，その数が変わるとモデルの再学習などが必要となる．再帰的に音源信号を一つずつ分離するモデル，つまり，音源信号とそれ以外の信号を出力するようなネットワーク構造が実現できれば，音源数の変化に柔軟な対応が可能となる．このような方式は，再帰的なマスク推定に基づく分離[68]で提案され，再帰的な信号推定と One-and-Rest PIT（OR-PIT）に基づく分離方式[36]などにつながっている．ここでは，既存の ConvTasNet といったネットワークをそのまま利用して実装可能な後者の方式を取り上げる．

再帰的な信号推定に基づく音源分離の全体像を 図 3.16 に示す．複数音源の信号が混合した観測信号 $x(t)$ を，ある音源信号 $s_i(t)$ とそれ以外の混合信号 $r(t) = \sum_{n \neq i} s_n(t)$ に分解する．これを必要な回数分繰り返すことで分離を実現する[36),68]．j 回目の反復では

$$\hat{s}^j(t), \hat{r}^j(t) = F(\hat{r}^{j-1}(t)) \tag{3.75}$$

となる．概念的な処理手続きは簡単に理解できよう．

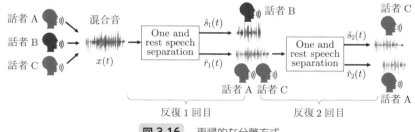

図 3.16 再帰的な分離方式

このとき，学習の際のコスト関数をどう設計するかを考える必要がある．単一の音源信号を出力するノードだとしても，観測信号に含まれるどの音源信号がいつの反復時点で出力されるかわからない．N 音源存在している場合，単一音源の選び方が N 通りあるため，正解の信号をどう割り当てるべきかは自明ではない．この点は PIT の考え方を導入することで解消されている．つまり，N 通りの割り当てすべてに対してコストを計算し，最も小さい値を取る

コストを最小化するコスト関数として採用する。

$$L = \min_i l(\hat{s}(t), s_i(t)) + \frac{1}{N-1} l(\hat{r}(t), \sum_{n \neq i} s_n(t)) \tag{3.76}$$

これにより，出力の不定性問題を回避でき，ネットワークの学習が可能となる。なお，各コスト関数 l としては，SI-SNR といった任意の尺度を使えばよい。

3.7.2 Mixture Invariant Training

Mixture Invariant Training（**MixIT**）は，Wisdsom らが提案した，ディープニューラルネットワークを用いた教師なしで音源分離モデルを学習する方式の一つである[69]。PIT と同様に，学習におけるコスト関数や処理フローにポイントがあり，ネットワーク構造自体はさまざまなものを使うことができる。Over separation と呼ばれる問題や計算量の問題はあるものの，考え方や分離ネットワークの挙動は興味深い。全体像を図 **3.17** に示す。MixIT は Asteroid にも実装されている。

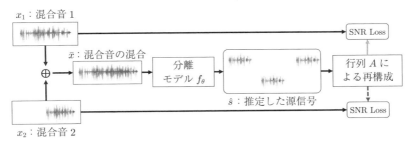

図 3.17 Mixture Invariant Training（MixIT）

MixIT では二つの混合音 x_1, x_2 から Mixture of Mixtures（MoM）と呼ばれる混合音 $\bar{x}$ を作り出し，分離ネットワーク f_θ の出力を用いて二つの混合音を再現するように学習する。ここで分離ネットワークの出力はいくつかの分離信号 $\hat{s} = [s_1, \ldots, s_M](M \geq 2N)$ である。これらの分離音を再合成するときに組み合わせが発生するため，PIT と同様に二つの混合音との誤差が最小となる組み合わせをコスト関数の値として採用する。

$$L_{MixIT}(x_1, x_2, \hat{s}) = \min_{A} \sum_{i=1}^{2} L(x_i, [A\hat{s}]_i) \tag{3.77}$$

ここで，L は PIT と同じ信号レベルのロス関数であり，$A \in \mathbb{B}^{2 \times M}$ はバイナリ値で構成される混合行列である．この行列の各列の合計は 1 であり，単純に分離信号を x_1, x_2 に割り振る役割を持つ．なお，MoM では，元の混合音に含まれている音源はたがいに独立であるという暗黙的な仮定がある点に注意する．

3.7.3 Location-based Training

出力順序問題は，マイクロホンアレーを用いる場合，話者の方向情報を活用することで自然に避けられる．**Location-based Training（LBT）**は，話者の水平角と話者とマイク間距離に基づいた学習尺度を用いて学習する[70]．これを図 3.18 に示す．

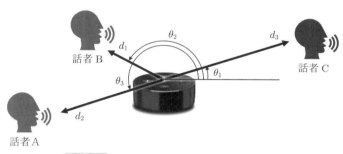

図 3.18 Location-based Training（LBT）

水平角ベースのコスト関数はつぎで定義される．

$$L_{azimuth} = \sum_{n=1}^{N} L(\hat{s}_n, s_{\theta_n}) \tag{3.78}$$

ここで，$\theta_i (i = 1, \ldots, N)$ は，アレーの水平角の順番でソートされた話者インデックスである．例えば，最初の出力は水平角が一番小さな話者に割り当て

られる。このような一貫性により，DNN が出力順序問題を解決するのに役立つ。

距離ベースのコスト関数も定義できる。

$$L_{distance} = \sum_{n=1}^{N} L(\hat{s}_n, s_{d_n}) \tag{3.79}$$

ここで，$d_i(i = 1, \ldots, N)$ はマイクからの距離が小さい順番にソートされた話者インデックスである。

分離ネットワークの入力には，方向情報が活用できる情報を入力する必要がある。文献では Dense-UNet[71] を用いているが，入力はすべてのマイクで観測された混合音の STFT 領域の成分（複素数）である。振幅やパワーを取っていないため，観測信号に含まれる音源信号の方向情報を活用できる。そのような意味では，ITD や IPD といった特徴量を入力に用いても，ある程度期待する動作をするだろう。

3.7.4 Target Sound Extraction

Target Sound Extraction（**TSE**）は，混合音から目的の信号を抽出するという一般化された問題設定である[72]。混合音のほかに，抽出したい目的信号を選択するための補助情報も入力として用いる。特定の話者を抽出したい場合は d-vector[73]，ある音源種を抽出したい場合はその音源ラベル，といった具合である。自然言語を入力としたアプローチなどもある。分離技術の使い勝手を考えると，このようなアプローチは重要であるので，今後の発展も期待される。ここでは現状の研究をいくつか紹介する。

TSE にはおもにディープニューラルネットワークが応用されているが，その構成はおおよそ図 **3.19** のように二つのネットワークからなる。一つ目は clue encoder で，補助情報を入力として，目的信号を選択するための情報をエンベディングベクトルとして出力する。二つ目は sound extraction network であり，clue encoder からの出力されたエンベディングベクトルと混合信号を入力として，目的信号を出力する。全体としては，モノラル音源分離でのネッ

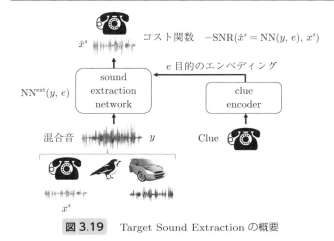

図 3.19 Target Sound Extraction の概要

トワーク構成が sound extraction network であり，そこに補助情報を加えるイメージである．そのため，分離部分に関しては，モノラル音源分離などのネットワークをベースに用いることができる．

clue encoder に相当するネットワークには，クラスラベルを入力する方式[74]と，エンロールメント信号を入力する方式がある[75),76)]．クラスラベルを入力する場合は目的信号のクラスを表現する 1-hot ベクトルを入力とする．出力すべき信号を直接的に指定しているので，抽出したい音源種クラスを事前に設定しておく必要がある．エンロールメント信号を入力するアプローチでは，抽出したい音源種のサンプル信号を入力とする．新しい音源種に対する汎化性に利点はあるが，事前に定めたクラスラベルを使わないので，音源の指定という点では若干曖昧性が存在する．両者を併用することで，固定クラスに対する分離性能と未知の音源種に対する分離性能の向上を狙った研究も行われている[72)]．

音源ラベルや信号を用いるアプローチとは異なり，Liu らは目的信号の指示に言語情報を利用している[77)]．clue encoder に相当する query network では，BERT を用いて入力の単語列を対応するエンベディングベクトルへ変換している．具体的には，出力層の CLS に相当するベクトルをエンベディングベク

トルとして出力する。このようなアプローチでは学習を行う際に，目的信号を指示する文を用意する必要がある。Liu らは，人がアノテーションテキストを付けたキャプションが利用可能な AudioCaps dataset を用いて，学習・評価データセットを構築している。今後，言語や信号の生成系の技術が発達していき，学習に十分なデータを確保できれば，このような方式は飛躍的に発展する可能性もある。特に，言語情報は人間ともなじみが深いので，音源分離におけるさまざまな指示を言語理解を挟まず，直接自然言語で行えるようになることは興味深い。

3.8 本章のまとめ

本章では，音源分離技術，具体的にはエコーキャンセラ，モノラル音源分離，マルチチャネル音源分離技術を解説した。後半では，各自のデータセットで各技術が使えるよう，ソースコードを交えた実装例と動作例を示した。

最後に，実装面でよくあるミスや学習時の設定について簡単にまとめておく。躓いた場合はまずこの辺りから確認するとよいであろう。学習係数等の設定は，少量のデータセット†を用いて，学習がうまく進みそうな設定の目星を付けておくことをおすすめする。

1. サンプリング周波数：学習データセット，評価用データセット，事前学習モデルなどで同一の値になっているかを確認する。

2. 音声ファイルのチャネル数：モノラル音源分離なのに，ステレオの音声ファイルを読み込んでいないかを確認する。次元数のミスマッチに関するエラーを起こす原因となる。

3. GPU メモリサイズ：大きなモデルを走らせるのに十分なメモリ量であるかを確認する。足りない場合は以下の対応を取るとよい。

    (a) ミニバッチサイズを小さい値（1～）にする。

---

† 学習データからランダムで抽出した一部。

（b）音響信号データをダウンサンプリングする（8 kHz 辺りでも動作確認は可能）。配列の要素を単純に間引くのではなく，必ず信号処理のダウンサンプリングモジュールを用いて行うこと。

（c）データローダなどにおける信号切り出し区間長（segment）を短く（〜2秒）する。

（d）モデルの層数や次元数を減らしてみる。

（e）推論のみ動作させるのであれば，データ型を変更してみる。例えば，pytorch では float16 を使うという選択肢もある。ただし，性能や挙動も変わる可能性がある点には注意する。

4. コスト関数の値：各エポックでおおよそ減少傾向にない場合は，学習係数の調整や学習時のオプションを検討する。

5. 勾配計算・更新時のオプション：gradient clipping の有無で学習が安定するかどうかは確認する。

6. パラメータ初期値：学習がうまくいかない場合は，初期値に用いる乱数の種類を変更する，別の手法で推定されたパラメータを初期値に用いる，といったことも試す。

7. 音声ファイルなどのパス：絶対パスや相対パスでの指定があり得るので，プログラムの実行ディレクトリからファイルが見えるか確認する。

8. ライブラリのバージョン：新しい機能や関数は古いバージョンでは実装されていないことも多いので確認する。

9. 再現性と乱数設定：デバッグなど再現性が必要となる場合には乱数のシードを固定する。

（a）同じデータを使っているのに試行ごとに出力結果が異なる場合，パラメータ初期値やデータシャッフルなどにおける乱数の影響であることが多い。まずそうではないか確認する。

（b）python の場合，用いているライブラリごとにシードを設定する必要がある。random ライブラリのほか，numpy，torch（cpu，cuda）ライブラリなどでシードを設定してみる。

第 **4** 章

音声認識：発話内容を認識する

　1980 年代から 2010 年頃までの長い期間において，隠れマルコフモデル（hidden Markov model; HMM）と混合正規分布に基づく統計的音声認識モデルが使われてきたが，混合正規分布では音声の識別能力に限界があった。2010 年頃からディープニューラルネットワーク（deep neural network; DNN）の技術が発展し，画像分野や自然言語処理分野において高い性能を示したことから，DNN を音声認識に使うことが検討され始めた。DNN を用いた代表的な音声認識手法としては，DNN と HMM を併用した DNN-HMM ハイブリッドモデルと，DNN のみで構成される End-to-End モデルがある。本章ではこの二つのアプローチをおもに紹介し，関連技術についても解説する。

4.1　音声認識の基礎知識

　具体的な手法の説明の前に，音声認識の問題設定や事前に理解しておくべき基礎知識について説明する。入力された音声の時系列データを x とする。x は 2 章で紹介したメルフィルタバンク特徴量やメル周波数ケプストラムといった音声特徴量の系列である。このとき音声認識では，音声 x が入力されたという条件の下で，最も確率が高いテキスト列を出力する。

$$\hat{w} = \mathrm{argmax}_{w} P(w|x) \tag{4.1}$$

w は認識結果テキスト列の候補で，認識仮説とも呼ばれる。$\hat{w}$ は最も確率が高い認識仮説，すなわち最終的に出力する認識結果のテキスト列である。この

132   4. 音声認識：発話内容を認識する

式はベイズの定理を用いて以下のように変形できる。

$$\hat{\boldsymbol{w}} = \mathrm{argmax}_{\boldsymbol{w}} \frac{P(\boldsymbol{x}|\boldsymbol{w})P(\boldsymbol{w})}{P(\boldsymbol{x})} \tag{4.2}$$

ここで，$P(\boldsymbol{x})$ はすべての $\boldsymbol{w}$ に対して共通で計算される項であるため，$\hat{\boldsymbol{w}}$ を探す過程においては $P(\boldsymbol{x})$ を無視してよい。したがって，以下の式が得られる。

$$\hat{\boldsymbol{w}} = \mathrm{argmax}_{\boldsymbol{w}} P(\boldsymbol{x}|\boldsymbol{w})P(\boldsymbol{w}) \tag{4.3}$$

ここで，単語列 $\boldsymbol{w}$ を構成する各単語 w を，音声の最小単位である音素 p で表現することを考える。音素は/a/や/i/といった母音と，/k/や/s/といった子音から構成され，例えば「朝」という単語は「/a/s/a/」という音素列で表現される。音素列 $\boldsymbol{p}$ を導入するため，式 (4.3) の右辺を確率の周辺化を用いて以下のように変形する。

$$\mathrm{argmax}_{\boldsymbol{w}} P(\boldsymbol{x}|\boldsymbol{w})P(\boldsymbol{w}) = \mathrm{argmax}_{\boldsymbol{w}} \sum_{\boldsymbol{p}} P(\boldsymbol{x}, \boldsymbol{p}|\boldsymbol{w})P(\boldsymbol{w}) \tag{4.4}$$

さらに上式は，確率の連鎖律を用いて以下のように展開できる。

$$\mathrm{argmax}_{\boldsymbol{w}} P(\boldsymbol{x}|\boldsymbol{w})P(\boldsymbol{w}) = \mathrm{argmax}_{\boldsymbol{w}} \sum_{\boldsymbol{p}} P(\boldsymbol{x}|\boldsymbol{p})P(\boldsymbol{p}|\boldsymbol{w})P(\boldsymbol{w}) \tag{4.5}$$

音素列 $\boldsymbol{p}$ での確率総和 $\sum_{\boldsymbol{p}}$ は，発音の仕方が複数ある単語（例えば，今日＝/ky/o/u/，/ky/o/o/，/k/o/N/n/i/ch/i/）を考慮して，各発音における確率の総和をするという意味である。ただし一般的には，総和をせずに最も確率の高い発音のみを考慮した確率で近似することが多い。その場合は以下のように表現される。

$$\mathrm{argmax}_{\boldsymbol{w}} P(\boldsymbol{x}|\boldsymbol{w})P(\boldsymbol{w}) \approx \mathrm{argmax}_{\boldsymbol{w}} \{\max_{\boldsymbol{p}} P(\boldsymbol{x}|\boldsymbol{p})P(\boldsymbol{p}|\boldsymbol{w})P(\boldsymbol{w})\} \tag{4.6}$$

式 (4.6) において，$P(\boldsymbol{x}|\boldsymbol{p})$ は，音素列 $\boldsymbol{p}$ を発話したときに収録される音声が $\boldsymbol{x}$ である確率であり，生成確率と呼ばれる。この確率を計算するモジュー

ルを**音響モデル**（acoustic model）と呼ぶ。音響モデルは，テキストと音声の対からなる学習データによって学習される。$P(\boldsymbol{p}|\boldsymbol{w})$ は単語列 $\boldsymbol{w}$ が与えられたとき，その音素列が $\boldsymbol{p}$ である確率を表す。これを定義しているのが**発音辞書**（pronunciation dictionary あるいは lexicon とも呼ぶ）である。発音辞書は「朝：a s a」というように単語と音素列の対応を記述したものであり，事前に人手によって作成される。式の上では確率として定義されているが，一般的には音素列が辞書上の定義と一致していれば1，一致していなければ0というように確定的な定義となっている（例えば，$P(\boldsymbol{p} = $ /a/s/a/$|\boldsymbol{w} = $ /朝/$) = 1$, $P(\boldsymbol{p} = $ /h/i/r/u/$|\boldsymbol{w} = $ /朝/$) = 0$）。$P(\boldsymbol{w})$ は，純粋に $\boldsymbol{w}$ という発話内容が話されやすいかを表す事前確率である。この確率を計算するモジュールを**言語モデル**（language model）と呼ぶ。言語モデルはテキストデータのみを用いて学習される。音響モデル，発音辞書，言語モデルの関係は，日本人が英語のリスニングをする場合を想像すると直感的に理解しやすいだろう。なんらかの英語音声を聞いた時，頭の中ではまず音としてどう聞こえたのか発音の確認をする。また，聞き取った発音から，自分の知っている語彙の中から妥当な単語を思い浮かべる。そして，思い浮かべた単語が，文脈的あるいは文法的に妥当かを確認する。人間の頭の中で行われる，発音の確認，語彙への当てはめ，文的妥当性の評価の三つの処理が，機械ではそれぞれ音響モデル，発音辞書，言語モデルによって行われているというように解釈できる。

　式（4.1）の $P(\boldsymbol{w}|\boldsymbol{x})$ は音声と単語の関係を表す確率であるため，これを直接モデル化しようとした場合，学習音声データで発話されていない単語はモデル化できない，いわゆる未知語の問題が多発してしまう。一方，式（4.6）における音響モデル $P(\boldsymbol{x}|\boldsymbol{p})$ は音声と音素の関係を表す確率であるため，すべての音素が学習データに含まれてさえいれば，学習可能である。さらに発音辞書 $P(\boldsymbol{p}|\boldsymbol{w})$ および言語モデル $P(\boldsymbol{w})$ は音声 $\boldsymbol{x}$ と無関係なため，それらの学習に音声データは必要ない。したがって，音声データに存在しない単語であっても，発音辞書および言語モデルを学習するテキストデータに存在していれば，それらを連結することによって認識が可能となり，それにより比較的少量の音

声データであっても未知語の発生頻度を抑えられるという利点がある。このことは，前述した人間による音声認識プロセスにおいても，発音を学習するためには実際に音声を聞く必要があるのに対して，新たな単語についてその発音や用例を学ぶ場合は，その単語の発音記号と文章例が書かれた本（テキスト）を読めばよく，必ずしもその単語の音声を聞く必要がないことと似ている。

4.2 節で説明する DNN と HMM を用いた方式は，式 (4.6) のようにモジュールを分けてモデル化する方式に区分される。この方式は比較的少量の音声データであっても，テキストデータを大量に集めさえすれば未知語の発生頻度を抑えることができることが利点である。一方，近年では大量の音声データが利用できることもあり，式 (4.1) の $P(\boldsymbol{w}|\boldsymbol{x})$ を直接ニューラルネットワークでモデル化することが研究されている。この方式が 4.3 節で説明する End-to-End モデルである。ただし音声が大量に利用できるとはいえ $\boldsymbol{w}$ を単語の列で定義すると依然として未知語の問題があるため，$\boldsymbol{w}$ を文字の列として定義するのが一般的である（例として，単語列「/今日/の/天気/」は文字列で定義すると「/今/日/の/天/気/」となる）。

4.2 DNN と HMM による音声認識

4.2.1 音響モデルの確率計算とアライメントについて

本節で解説する隠れマルコフモデルは，代表的な音響モデルの一つである。前節でも述べたが，音響モデルは式 (4.6) の $P(\boldsymbol{x}|\boldsymbol{p})$ を計算するモジュールである。$P(\boldsymbol{x}|\boldsymbol{p})$ は「ある音素列 $\boldsymbol{p}$ を発話したときに，特徴量系列 $\boldsymbol{x}$ が観測される確率」を意味しており，$\boldsymbol{p}$ を発話した際の $\boldsymbol{x}$ の生成確率と呼ばれる。これを別の言い方をすると，「特徴量系列 $\boldsymbol{x}$ を観測したとき，発話された音素列が $\boldsymbol{p}$ であることの尤もらしさ」とも解釈できることから，$\boldsymbol{x}$ を観測した際の $\boldsymbol{p}$ の尤度（likelihood）とも呼ばれる。

音声認識が典型的なパターン認識と異なる点として，入力系列と出力系列の長さが異なるという点が挙げられる。例えば「今日はいい天気」と発話した

2秒の音声を認識する場合，入力である音声系列の長さは200フレーム（短時間フーリエ変換のシフト長を0.01秒とした場合）であるのに対して，出力系列は単語単位で認識した場合で「/今日/は/いい/天気/」（系列長は4），音素単位で認識した場合でも「/ky/o/o/w/a/i/i/t/e/N/k/i/」（系列長は12）と入力系列長と比べて非常に短い系列長となる。そのため，出力系列中のある単語あるいは文字に対して，入力系列中のどの時刻からどの時刻までがその単語や音素に対応するのかを推定しながら認識を行う必要がある。このような入力系列と出力系列の時間的対応を**アライメント**（alignment）と呼ぶ。

アライメントと音響モデルの確率計算のイメージを図 **4.1** に示す。図 4.1 は「歌う」（音素列 $p = \{u, t, a, u\}$）と発話した音声系列 x に対して，音響モデルが確率 $P(x|p)$ を計算する様子を示している。実際の音声の系列長は1単語の発話だけでも数十フレーム以上になるが，この例では簡単のため系列長を8フレームとする。出力として想定している音素列/u/t/a/u/の系列長は4である。このとき，各音素がどのフレームで発話されたか，つまり4個の音素に対する8個のフレームへの割り当てパターンとしては，例えば「u, u, u, u, u, t, a, u」や「u, u, t, a, a, a, a, u」などさまざまに考えられる。これら一つひとつがアライメントのパターンというわけである。

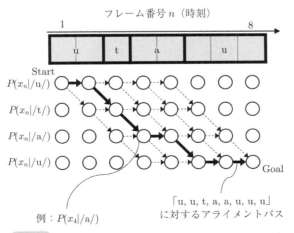

図 4.1 音素系列と音声系列のアライメントのイメージ

136   4. 音声認識：発話内容を認識する

図 4.1 では，アライメントをグラフで表現している．横軸は音声系列長，縦軸は音素系列長に対応しており，左上の Start から破線矢印を通って右下の Goal へ向かうすべてのパスが，考えられるアライメントの全パターンに対応している．例えば「u, u, t, a, a, u, u, u」というアライメントは，図中の実線矢印を通るパスに対応する．また図中丸印で表現される各ノードの中では，ある音素 p に対する，各時刻の音声 x_n（$n = 1, \ldots, 8$ はフレーム番号）の生成確率 $P(x_n|p)$ が計算される．例えば左上のノードでは音素/t/に対する時刻 1 の音声特徴量の生成確率 $P(x_1|\text{t}/)$ が計算され，同様に右下のノードでは音素/o/に対する時刻 8 の音声特徴量の生成確率 $P(x_8|\text{o}/)$ が計算される．

このとき，かりに各フレームにおける生成確率がたがいに独立であるとしたとき，「u, u, t, a, a, u, u, u」というアライメントに限定した場合の系列全体の生成確率 $P(\boldsymbol{x}|\boldsymbol{p})$ は

$$P(x_1|\text{u}/)P(x_2|\text{u}/)P(x_3|\text{t}/)P(x_4|\text{a}/)$$
$$\cdot P(x_5|\text{a}/)P(x_6|\text{u}/)P(x_7|\text{u}/)P(x_8|\text{u}/) \tag{4.7}$$

というように，アライメントパス上の各ノードで計算される生成確率の総乗で計算されるであろう†．ただし，上で計算した生成確率はあくまである一つのアライメントパターンに限定した場合のものであり，実際はあり得るアライメントパターンすべてを考慮して生成確率を計算する必要がある．

ここで，図 4.1 で示されるアライメントパスは，**図 4.2** のような状態遷移図として表現することもできる．丸で囲まれた音素が「状態」に対応し，矢印が「遷移」を表す．右方向に向いている矢印は状態（音素）間の遷移を表し，図 4.1 における斜めのパスに相当する．同じ状態にループしている矢印は，その名のとおりループ遷移を表し，図 4.1 における右へのパスに相当する．番号のとおりに状態遷移を辿ると，「/u/→/u/→/t/→/a/ →/a/→/u/→/u/→/u/」というように，音声の各フレームがどの状態（音素）に属しているのか，つま

---

†　ここでは，アライメントと確率計算のイメージを説明するため，単純な確率モデルを仮定している．HMM での確率計算方法については以降で説明する．

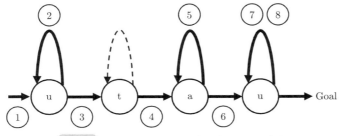

図 4.2 アライメントの状態遷移図による表現

りアライメントが読み取れる．このように，音声のアライメントを状態遷移モデルによって表現して音響モデル確率を計算するものが，以降で説明する隠れマルコフモデルである．

4.2.2 隠れマルコフモデル

隠れマルコフモデル[78]（hidden markov model; **HMM**）は，音声信号という観測可能な表層情報の変化を，その裏に隠れている情報（例えば音素）の変化に起因するものであると捉え，隠れた情報を状態とする状態遷移によって音声をモデル化したものである．図 4.2 の状態遷移図では，左から右，あるいは自己ループの遷移をし，右から左へ戻ることはない．このような一方向の状態遷移を行うモデルは left-to-right 型モデルと呼ばれ，一般に音声認識ではこのタイプが使用される．音素単位で音響モデルを構築する場合，音素ごとに HMM を持つことになる．図 4.2 は音素ごとに定義された HMM を連結させることによって，「歌う」という単語の HMM を表現している†．また，図 4.2 では各音素の HMM は一つの状態で構成されているが，音素一つの中に複数の状態を定義することもできる．音声は音素ごとに音が変わるわけではなく，同じ音素でも，例えばその音素が始まった直後の時間帯と，その音素が継続し

---

† 1 単語のみの発話を認識する孤立単語認識タスクの場合は，音素単位ではなく単語単位で（つまり $P(\boldsymbol{x}|w)$ を）モデル化する場合もある．本書では文発話を認識する連続音声認識タスクを前提として，音素単位でモデル化するサブワード HMM を説明する．

ている時間帯，そして終了してつぎの音素に遷移する直前の時間帯では，異なる音になっていると考えられることから，それらを別状態として扱うわけである。一般には，音素ごとに3状態のHMMを定義することが多い。音素ごとに定義したモデルを音素HMM（あるいはモノフォンHMM）と呼ぶ[†]。

ある音素 p について，3状態の left-to-right HMM で表現したものを図 **4.3** に示す。各状態では，その状態における音声 x の生成確率 $P(x|p_i, \theta)$ が計算される。p_i は音素 p 内の $i(i = 1, 2, 3)$ 番目の状態を表す。θ は生成確率を計算するためのモデルのパラメータである。これを各状態の**出力確率**（output probability）と呼ぶ。HMM では，出力確率のほかに，状態間の遷移時に計算する**遷移確率**（transition probability）と呼ばれる確率も扱う。例えば，音素を開始直後と中間，終了直前の3状態で定義したとき，音素によっては開始直後の音が長く続くものもあれば，開始直後の音が短く，すぐに中間の状態に遷移する音素もあるであろう。このような，同じ状態の続きやすさや，つぎの状態への遷移しやすさを遷移確率として定義する。遷移確率は HMM のパ

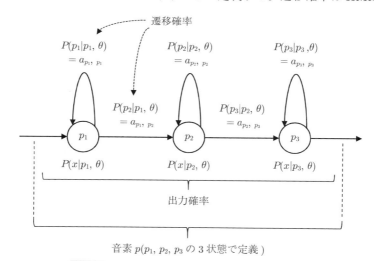

図 **4.3** ある音素 p の3状態 left-to-right HMM

[†] 同じ音素でも前後の音素の組み合わせによって別の音と定義すべきという考え方から，3音素の組み合わせごとにHMMを定義する，トライフォンHMMも存在する。

ラメータの一つで，音素 p の HMM において，i 番目から j 番目の状態への遷移確率 $P(p_j|p_i)$ を a_{p_i, p_j} と表記する。

図 4.1 および式（4.7）では各フレームの出力確率をたがいに独立と仮定して，出力確率のみを用いて生成確率を計算していたが，HMM では出力確率に加えて遷移確率も用いて生成確率を計算することになる。例えば，図 4.3 において，音素 p を発声したとき，長さ 4 の音声特徴量系列 $\boldsymbol{x} = \{x_1, x_2, x_3, x_4\}$ について，各フレームにおける状態が $\boldsymbol{s} = \{p_1, p_2, p_2, p_3\}$ となる遷移をしたとする。このような観測がされる確率 $P(\boldsymbol{x}, \boldsymbol{s}|p, \theta)$（以降，$P_\theta(\boldsymbol{x}, \boldsymbol{s}|p)$ と記載）は，HMM では以下のように計算される。

$$P_\theta(\boldsymbol{x}, \boldsymbol{s}|p) = P_\theta(x_1|p_1)P_\theta(p_2|p_1)P_\theta(x_1|p_2)$$
$$\cdot P_\theta(p_2|p_2)P_\theta(x_2|p_2)P_\theta(p_3|p_2)P_\theta(x_3|p_3) \tag{4.8}$$
$$= P_\theta(x_1|p_1)a_{p_1, p_2}P_\theta(x_1|p_2)$$
$$\cdot a_{p_2, p_2}P_\theta(x_2|p_2)a_{p_2, p_3}P_\theta(x_3|p_3) \tag{4.9}$$

一般化して，フレーム数 N の特徴量系列 $\boldsymbol{x} = \{x_1, \ldots, x_N\}$ について，各フレームにおける状態が $\boldsymbol{s} = \{s_1, \ldots, s_N\}$ となる遷移をする確率 $P(\boldsymbol{x}, \boldsymbol{s}|\theta) = P_\theta(\boldsymbol{x}, \boldsymbol{s})$ は以下のように計算される。

$$P_\theta(\boldsymbol{x}, \boldsymbol{s}) = P_\theta(x_1|s_1)\prod_{n=2}^{N} P_\theta(s_n|s_{n-1})P_\theta(x_n|s_n) \tag{4.10}$$
$$= P_\theta(x_1|s_1)\prod_{n=2}^{N} a_{s_{n-1}, s_n}P_\theta(x_n|s_n) \tag{4.11}$$

なお確率の連鎖律によると，$P_\theta(s_n|s_{n-1})$ は本来 $P_\theta(s_n|s_{n-1}, s_{n-2}, \ldots, s_1)$ というように，過去に観測された状態が確率の条件として蓄積されていくのが正しい式展開である。しかし HMM では，現在の状態は一つ前の状態にのみ依存すると仮定し，それ以前の状態は現在の状態と無関係とみなして条件から除外する。これを（1 階）マルコフ過程と呼ぶ。

140   4. 音声認識：発話内容を認識する

さて，4.2.1 項でも述べたとおり，音素系列 $\boldsymbol{p}$ と音声系列 $\boldsymbol{x}$ のアライメントパスはさまざまにあり得る。例えばフレーム数 $N = 9$ とし，音素列 $\boldsymbol{p}$ を /a/u/（「会う」）とする。また HMM は各音素について 3 状態でモデル化していたとする。このときあり得る遷移パスは，例えば $\{a_1, a_1, a_1, a_2, a_3, u_1, u_2, u_2, u_3\}$ や，$\{a_1, a_2, a_3, u_1, u_1, u_2, u_2, u_3, u_3\}$ など，さまざまに存在する。これらの音素列 $\boldsymbol{p}$ としてあり得るすべての遷移パスの集合を $\boldsymbol{s} \in \boldsymbol{p}$ とすると，音響モデルが計算すべき生成確率 $P(\boldsymbol{x}|\boldsymbol{p})$ は，$\boldsymbol{s} \in \boldsymbol{p}$ に含まれる各遷移パスで計算した生成確率の和で表現される。すなわち，以下のようになる。

$$
\begin{aligned}
P_\theta(\boldsymbol{x}|\boldsymbol{p}) &= \sum_{\boldsymbol{s} \in \boldsymbol{p}} P_\theta(\boldsymbol{x}, \boldsymbol{s}) \\
&= \sum_{\boldsymbol{s} \in \boldsymbol{p}} \left\{ P_\theta(x_1|s_1) \prod_{n=2}^{N} P_\theta(s_n|s_{n-1}) P_\theta(x_n|s_n) \right\} \\
&= \sum_{\boldsymbol{s} \in \boldsymbol{p}} \left\{ P_\theta(x_1|s_1) \prod_{n=2}^{N} a_{s_{n-1}, s_n} P_\theta(x_n|s_n) \right\}
\end{aligned}
\tag{4.12}
$$

このように，HMM を用いて音響モデルの生成確率を計算する場合は，本来はすべての取り得る遷移パスを考慮した確率計算をする必要があるが，音声認識においては以下のように，最も確率が高い遷移パスのみで近似することが多い。

$$
P_\theta(\boldsymbol{x}|\boldsymbol{p}) \approx \max_{\boldsymbol{s} \in \boldsymbol{p}} \left\{ P_\theta(x_1|s_1) \prod_{n=2}^{N} a_{s_{n-1}, s_n} P_\theta(x_n|s_n) \right\}
\tag{4.13}
$$

この確率最大のパスは最短経路探索問題などで用いられる動的計画法を応用した，ビタビアルゴリズム[79] と呼ばれる方法で求めるのが一般的である。

HMM の学習方法について簡単に紹介する。各音素，各状態について学習すべきパラメータは，出力確率を計算するパラメータ，およびつぎの状態に遷移する確率とループする確率である。このうち遷移確率は離散確率として直接モデル化され，出力確率は DNN が用いられる以前は混合正規分布によってモデル化されるのが主流であった。混合正規分布とは，複数の正規分布の重み付

け和によって，複雑な確率分布を表現したモデルである。混合正規分布におけるパラメータは，各正規分布の平均値ベクトル，分散共分散行列，そして重み付け和のための重みである。

遷移確率は，かりにアライメントパスがすべての学習データについて得られていれば，学習データ内において実際に観測された遷移パターンの回数を元に，離散確率として計算可能である。具体的には，ある音素のある状態について，その状態からつぎの状態へ遷移した回数およびループ遷移した回数をカウントしておけば，その比率が遷移確率となる。また混合正規分布のパラメータも同様に，アライメントパスが得られていれば計算は容易である。単純な例として，混合正規分布ではなく単一の正規分布で出力確率をモデル化する場合，アライメントパスが得られていれば，各状態で割り当てられた学習データの平均値ベクトルと分散共分散行列を計算するだけでモデル化は完了する。しかし実際はアライメントパスは事前に定義されていないため，上記のような単純処理でパラメータを計算することはできない。そこで，アライメントパスの推定とパラメータの更新を交互に行うことで，両者の精度を高めていく枠組みが一般的に使われる。

代表的な方法の一つはバウムウェルチ（Baum-Welch）アルゴリズム[80]と呼ばれる方法で，この方法では式（4.12）のようにあらゆるアライメントパスを考慮し，各アライメントパスに対して，そのパスを通る確率を計算し，その確率を元に先述のパラメータの更新を行う。このとき，あらゆるパスの確率を効率よく計算するために，前向き・後ろ向きアルゴリズムと呼ばれる計算方法が使用されている。もう一つの方法は，ビタビトレーニングと呼ばれる方法で，この方式では確率が最大のアライメントパスを先述のビタビアルゴリズムによって推定し，それを用いてパラメータの更新を行う。いずれの方法も，モデルのパラメータを初期化しておき，まず初期パラメータでアライメントパスを推定する。つぎにアライメントパスの推定結果を用いてモデルのパラメータを更新する。そして，更新されたパラメータを用いて再度アライメントパスを推定し，その結果をもとにさらにパラメータを更新する，というように，アラ

イメントパスの推定とパラメータの更新を交互に行っていく。

4.2.3　DNN-HMM ハイブリッドモデル

前述のとおり，2010 年代に DNN が台頭するまで，HMM の出力確率は混合正規分布（Gaussian Mixture Model; GMM）というモデルによって計算されていた。この方式は本項で紹介する DNN-HMM と区別して GMM-HMMと呼ばれる。しかし混合正規分布は単純な正規分布より複雑なモデルとはいえ，やはり正規分布の組み合わせで確率分布をモデル化したものであるため，音声の表現能力には限界があった。一方 DNN は正規分布とは違い確率分布の形状に制約がなく，かつ識別能力を最大化するように学習が行われるため，GMM の代わりに DNN を用いる試みがなされた。

DNN を HMM に組み込む方式として，DNN-GMM-HMM タンデムシステム[81]と **DNN-HMM ハイブリッドシステム**[82]の 2 種類がおもに提案されている。DNN-GMM-HMM タンデムシステムは，DNN の隠れ層における各ノードの出力値を，MFCC などに代わる新たな特徴量として使用し，GMM-HMM で学習，認識するというものである。DNN-HMM ハイブリッドシステムは，GMM-HMM において各状態の出力確率の計算部分を，GMM の代わりに DNN で行うものである。タンデムシステムはバックエンドが GMM-HMM であるため，長らく研究されてきた GMM-HMM の知見が使える点が強みであったが，その後ハイブリッドシステムでもさまざまな性能向上手法が開発されたこともあり，現在ではハイブリッドシステムが主流となっている。本項では DNN-HMM ハイブリッドシステム（以降，DNN-HMM と呼ぶ）について説明する。

DNN-HMM ハイブリッドシステムの概要を**図 4.4** に示す。まず DNN の入力について説明する。GMM-HMM ではメル周波数ケプストラム（MFCC）が特徴量として使われていたが，DNN-HMM ではメルフィルタバンク特徴量が使われることが多い。これは，DNN が特徴量抽出に相当する処理も内部で行うため，信号処理によって声道成分のみを抽出した MFCC よりも，多く

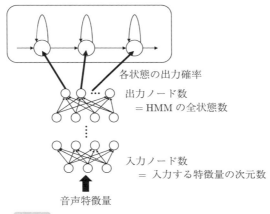

図 4.4 DNN-HMM ハイブリッドシステムの概要

の情報を保持しているメルフィルタバンク特徴量のほうが高い性能が得られやすいからである。

　特徴量の時間変動の情報をモデルに入力するため，GMM-HMM では各時刻の特徴量に加えて，その前後のフレームの特徴量の時間変化を 1 次あるいは 2 次の線形回帰によって得られるデルタ特徴量も加えることが一般的であった。一方 DNN-HMM ではデルタ特徴量を用いる代わりに，図 4.5 のように，前後のフレームの特徴量を次元方向につなぎ合わせた上で DNN に入力することがしばしばある。この処理をスプライシング（splicing）と呼び，複数フレームの情報を与えることで音声特徴の時間変化を考慮した識別が可能となる。スプライシングは，DNN として線形層のような時間構造を利用しないネットワークを用いる際に特に有効であることが知られている[†]。次元数 D の特徴量に対してスプライシングを行う場合，前後 splice 分（図 4.5 では splice $= 2$）のフレームを結合したとすると，次元数は $(2 \cdot \text{splice} + 1) \cdot D$ である。これが DNN の入力層のノード数となる。また，特徴量の各次元の値は平

[†] 一方，リカレントニューラルネットワークや後述のトランスフォーマーのような時間構造を考慮したニューラルネットワークを用いる場合では，特徴量のスプライシング処理はしない場合が多い。

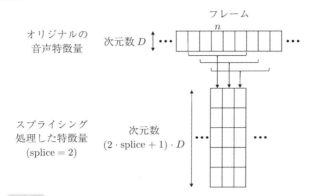

図 4.5 DNN に入力する前のスプライシング処理。ここでは前後 2 フレームの特徴量を結合している。

均が 0，分散が 1 となるように正規化処理を行う。これは，正規化処理を行ったほうが DNN の学習が安定しやすいためである。

つぎに DNN の出力について説明する。一般に DNN-HMM では，HMM 状態の事後確率 $P(s|x_n)$ を DNN の出力とする。x_n はフレーム n の音声特徴量ベクトル，s は HMM に定義されている状態である。音素数を M，各音素の状態数を S としたとき，状態の総数は $M \cdot S$ であり，これが出力層のノード数に相当することとなる。

つぎに DNN の学習について説明する。DNN の出力および損失関数の計算はフレーム単位で行うのが一般的である。したがって，学習データの各フレームがどの HMM 状態に属しているのか，すなわちアライメントパスの正解ラベルが必要となる。そこで，事前に GMM-HMM を学習しておき，GMM-HMM を用いてビタビアルゴリズムによって学習データに対するアライメントパスを推定しておく。推定されたアライメントパスを用いることで，各フレームについて，属している状態番号なら 1，それ以外の状態なら 0 という one-hot の確率分布が正解ラベルとして定義できる。そして，クロスエントロピー損失関数を用いて DNN を学習する。

最後に DNN-HMM による生成確率 $P(\boldsymbol{x}|\boldsymbol{p})$ の計算について説明する。まず，認識したい音声データの特徴量をフレームごとに DNN へ入力し，出力，

つまり $P(s|x_n)$ の推定値を計算する。ここで，式 (4.12) では，HMM の出力確率は状態 s_i^p の事後確率ではなく，$\boldsymbol{x}_n$ の生成確率 $P(x_n|s)$ として定義されていることがわかる。したがって以下のように，ベイズの定理を用いて生成確率に変換する必要がある。

$$P(x_n|s) = \frac{P(s|x_n)P(x_n)}{P(s)} \tag{4.14}$$

$$\approx \frac{P(s|x_n)}{P(s)} \tag{4.15}$$

この式展開において，$P(x_n)$ は一様確率を仮定して計算から除外している。$P(s)$ は，学習データの正解アライメントラベルを用いて，各状態の出現回数をカウントし，全カウント数で割ることによって計算することが可能である。式 (4.15) によって $P(\boldsymbol{x}_n|s_i^p)$ を計算すれば，あとは GMM-HMM と同様に式 (4.13) により生成確率の計算ができる。

4.2.4 辞書および言語モデルを用いた連続音声認識

前項で説明した DNN-HMM は，4.1 節の式 (4.6) における，音素単位の音声の生成確率 $P(\boldsymbol{x}|\boldsymbol{p})$ を計算する方法であった。これを用いて連続音声認識を行うためには，発音辞書（式 (4.6) における $P(\boldsymbol{p}|\boldsymbol{w})$）および言語モデル（式 (4.6) における $P(\boldsymbol{w})$）と組み合わせて処理を行う必要がある。本項では，DNN-HMM を使って連続音声認識を行う方法について概説する。

発音辞書は 4.1 節で説明したとおり，単語と音素列の対応を記述したものであり，事前に人手によって作成される。一般的には音素列が辞書上の定義と一致していれば 1，一致していなければ 0 というように確定的な定義となっている。

DNN-HMM においてよく用いられる言語モデルとして，**N グラムモデル**[83] がある。これは $N-1$ 個の単語系列を観測したときに，つぎにどの単語が出現しやすいかを離散確率化したモデルである。例えば単語系列 $\boldsymbol{w} = \{$ 今日，は，いい，天気 $\}$ を $N=3$ の N グラムモデルで表現すると，以下のようにな

146   4. 音声認識：発話内容を認識する

$$P(今日, は, いい, 天気) \approx P(今日 \mid <\text{sos}>, <\text{sos}>)P(は \mid <\text{sos}>, 今日)$$

$$P(いい \mid 今日, は) \cdot P(天気 \mid は, いい)$$

$$P(<\text{eos}> \mid いい, 天気) \tag{4.16}$$

$<\text{sos}>$ と $<\text{eos}>$ はそれぞれ文頭（start of sequence）と文末（end of sequence）を表す記号である。本来，確率の連鎖律を用いて $P(今日, は, いい, 天気)$ を展開すると，過去に観測した単語は以降の確率の条件に残り続ける（例えば $P(天気 \mid は, いい)$ は本来 $P(天気 \mid <\text{sos}>, 今日, は, いい)$ となる）が，N グラムモデルでは，直前に観測した $N-1$ 個の単語のみを考慮して確率モデル化している。上式の右辺の確率一つ一つが N グラムモデルのパラメータになっており，例えば $P(いい \mid 今日, は)$ は，学習用の文章データを集めて，「今日は」という単語列の後で「いい」という単語が出現している頻度を計算することで得ている。

N グラムモデルを一般化して書くと，単語列 $\boldsymbol{w} = \{w_1, w_2, \ldots, w_M\}$ に対する確率は以下のように表現される。

$$P(\boldsymbol{w}) \approx \prod_{m=1}^{M} P(w_m \mid w_{m-N+1}, \ldots, w_{m-1}) \tag{4.17}$$

$N = 1$ のときはユニグラムモデルと呼び，これは単純に各単語の出現頻度に相当する（$P(\boldsymbol{w}) \approx \prod_{m=0}^{M-1} P(w_m)$）。$N = 2$，$N = 3$ のときはそれぞれバイグラムモデル，トライグラムモデルと呼ぶ。

先述のとおり，N グラムモデルのパラメータ $P(w_m \mid w_{m-N+1}, \ldots, w_{m-1})$ は学習用の文章データから出現頻度を計算することで得ているが，N が大きくなるにつれて，学習データ中に存在しない単語の組み合わせが出てきてしまう，いわゆるゼロ頻度問題が起こる。このとき，例えば学習データ中に「はいい天気」というフレーズが存在せず $P(天気 \mid は, いい)$ のトライグラム確率が 0 になってしまうが，「いい天気」というフレーズは存在していて $P(天気 \mid い$

い) のバイグラム確率が計算できている場合, このバイグラム確率を使ってト
ライグラム確率を近似的に推定することが考えられる。このように, $(N-1)$
グラム確率から N グラム確率を推定する方法を, バックオフ平滑化と呼ぶ。

つぎに, 音響モデル, 発音辞書, 言語モデルを用いた連続音声認識方法につ
いて説明する。前項では, ある音素列 $\boldsymbol{p}$ に対する音響モデル確率を HMM で
計算する方法について説明した。ある単語に対する音響モデル確率を計算す
る場合は, 図 4.2 や 4.2.2 項で説明したとおり, その単語に対応する音素列に
従って音素 HMM を連結させ, その HMM を用いて同様に生成確率を計算す
ればよい。この処理は, 発音辞書で定義されている単語と音素列の対応を用
いて, 式 (4.4) および式 (4.5) にある $P(\boldsymbol{x}|\boldsymbol{p})P(\boldsymbol{p}|w) = P(\boldsymbol{x}, \boldsymbol{p}|w)$ の計算,
つまり音響モデルの確率と辞書の確率の統合をしていることに相当する。した
がって, さらに言語モデルの確率 w と統合させるためには, 基本的には単語
ごとに音素 HMM を連結して作成した単語 HMM を, さらに言語モデルの定
義に従って連結させて文章 HMM を構築することになる。これらの処理を行
う枠組みとして, **重み付き有限状態トランスデューサ** (weighted finite-state
transducer; WFST)[84] と呼ばれる手法がある。

WFST は, 入力が与えられると状態を遷移しながらなんらかの出力をす
るモデルである。音声認識モデルにおける, 簡単な WFST の例を**図 4.6** に示
す。WFST は HMM, 発音辞書, 言語モデルそれぞれ個別に作成される[†]。例
えば HMM の WFST において, a_1 : a という記述は, 音素/a/の 1 番目の状
態 a_1 が WFST に入力されると, 音素/a/を出力することを意味する。またこ
のとき, 状態が 0 から a_1 に遷移する。ϵ は「空」という意味で, 出力が ϵ の
場合はなにも出力せず, 入力が ϵ の場合は入力がなくても遷移することを意味
する。これらの WFST を見ると, HMM の WFST では HMM 状態の系列が
入力されると音素が出力され, 発音辞書の WFST では音素系列が入力される

[†] これは HMM を 1 音素ごとに定義したモノフォン HMM の場合を表現している。3
音素の組で定義するトライフォン HMM を使用する場合は, さらにトライフォンか
ら音素に変換する WFST が加わる。

4. 音声認識：発話内容を認識する

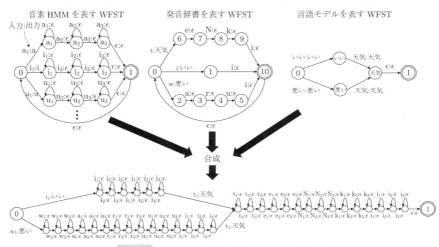

図 4.6 WFST による音声認識グラフ表現

と単語が出力され，言語モデルの WFST では入出力両方が単語系列になっていることがわかる。さらに，図上では表記を省略しているが，ノード間の各矢印には重みが存在する。例えば HMM 上の矢印には各状態の出力確率と遷移確率の積が，言語モデル上の矢印には N グラム確率が，それぞれ重みとして存在する。ただし正確には確率ではなく，その対数値にマイナスを掛けた値を重みとしており，確率が低いほど重みが大きくなるように設計されている。これらの WFST を合成すると，図の下側のような，HMM 状態の系列を入力として，単語系列が出力される音声認識グラフが作成される。後は重みの累積値が最小になるように，ビタビアルゴリズムで最適なパスを探索すれば連続音声認識が行える。

WFST の利点の一つとして，HMM，辞書，言語モデルを独立して作成しておき，後で合成ができる点が挙げられる。また，WFST には冗長なノードを取り除いてグラフを最小化するなどのテクニックも存在し，それにより効率のよい音声認識グラフが作成可能となっている。ただし，HMM，辞書，言語モデルをすべて合成するとモデルサイズが膨大になってしまうため，一部分のみを合成しておき，残りについては音声認識の最中に必要な部分のみ合成す

る，on-the-fly 合成というテクニックがしばしば使われる。また音声認識時，すべての単語の組み合わせ（認識仮説）を考慮して探索を行うと，計算量が非常にかかってしまうため，ビタビアルゴリズムの実行過程で累積確率が小さい仮説は 探索候補から除外するテクニック（枝刈りと呼ぶ）なども用いられる。

4.3 End-to-End 音声認識

4.3.1 End-to-End 音声認識における認識単位の定義

4.2.3 項で紹介した DNN-HMM ハイブリッドシステムでは DNN，HMM，発音辞書，言語モデルを個別に作成し，WFST によってこれらを統合して音声認識を行う。このような複数のモジュールに分かれるシステムは，例えば新たに認識させたい固有名詞などを辞書に登録するといった，個別のチューニングが可能という利点がある反面，システムが複雑であるという欠点がある。これに対して，近年はこれらを一つのニューラルネットワークでモデリングする **End-to-End 音声認識** の研究が盛んに行われている。End-to-End 音声認識モデルはそのモデルのシンプルさから比較的実装が容易であり，かつ近年の研究では DNN-HMM を上回る音声認識性能を達成していることから，今後の発展がおおいに期待されている。

4.1 節でも述べたとおり，End-to-End 方式は式（4.1）の $P(\boldsymbol{w}|\boldsymbol{x})$ をニューラルネットワークによって直接モデル化するものである。式（4.1）において，$\boldsymbol{w}$ は単語の列として定義されている。しかし，大量の音声データを利用できるようになった現在であっても，数十種類もの単語を網羅して学習音声データを得ることは困難であるため，学習データに存在しなかった単語は出力が不可能となる，いわゆる未知語の問題が頻出することになる。未知語を減らす単純な方法は，認識対象である $\boldsymbol{w}$ を単語よりも短い単位（サブワード）で定義し直すことで，認識対象の種類数を減らすことである。例えば HMM を用いたシステムでは，音響モデルの計算対象として，サブワードの最小単位である音素（数十種類）を使用している。しかし，発音辞書を持たない End-to-End

150   4. 音声認識：発話内容を認識する

方式では，認識単位を音素とした場合は認識結果も音素列になってしまうため，音素よりも高次の単位で定義する必要がある。End-to-End 方式では，この認識する単位のことを**トークン**（token）と呼ぶ。

End-to-End モデルにおいては，トークンとしておもに「文字」あるいは「**Byte Pair Encoding**」のどちらかを使用している。「文字」は名前のとおり，文章を 1 文字ごとに区切ったもので，日本語「今日はいい天気」の場合は「今，日，は，い，い，天，気」というように漢字かな混じりの文字が単位となる。ここで，文字は必ずしも発声を伴うものである必要はなく，空白文字（スペース）のような音が存在しないものも文字に含めることが可能である。英語のような，単語と単語の間に空白文字を入れる言語の場合，空白文字も認識結果として出力できるようにしておかなければ，単語の境目がわからない文字列が出力されてしまう。英語の場合，使用される文字はアルファベットと数字，空白文字やその他記号のみのため，認識対象の種類数を数十程度まで減らすことが可能となる。日本語や中国語のような漢字を含む言語の場合，文字を単位にしても種類数は依然として多いが，それでも数十万規模の単語と比べれば数万規模まで減らすことが可能となる。

Byte Pair Encoding（BPE）[85] は文章中に出現する文字の組み合わせの傾向を元に，効率的に文章を表現可能なサブワードを抽出する方法である。例えば英語において，"short, shorter, shortest, long, longer, longest" は単語で定義すると 6 種類になるが，比較級表現に使用される "er" と最上級表現に使用される "est" のサブワードをトークンとして使用すれば "short, long, er, est" の 4 種類で表現可能である。このように，単語ではないが頻出する文字の組み合わせをトークンとすることで，単語で定義するよりも少ない種類数で文章を表現可能とすることが BPE の基本的な考え方である。BPE による文字組み合わせの抽出方法のイメージを図 **4.7** に示す。

オリジナルの入力文字列（BPE の学習データ）が "A,B,A,B,C,A,B,C,D" であったとする。このとき，最も頻出している隣り合う文字のペアは "A,B" であるため，"AB" を新たなトークンとして記録する。追加したトークンを用

4.3 End-to-End 音声認識　　151

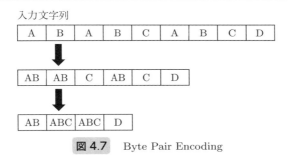

図 4.7　Byte Pair Encoding

いて入力文字列を表現すると，"AB,AB,C,AB,C,D" となる。このとき，最も頻出して隣り合う文字（AB は 1 文字として扱う）のペアは "AB,C" であるため，"ABC" を新たなトークンとして記録する。このように，事前に設定した種類数に到達するまで，最も頻出している文字のペアを優先して認識単位に登録していく。単に 1 文字単位をトークンとした場合，単語としてあり得ない文字列を認識結果として出力してしまう場合があり得るが，BPE のようによく使用される文字の組み合わせもトークンとしておくことで，あり得ない文字列を出力するリスクをある程度軽減することが可能である。BPE を行うツールとしては，SentencePiece[†] がある。

4.3.2　Connectionist temporal classification

以降の項では，End-to-End 方式の具体的な手法について代表的なものをいくつか紹介する。**Connectionist temporal classification**（**CTC**）[86] は End-to-End 方式の中では初期に提案されたもので，HMM を用いずに DNN のみで音響モデルを構築することを目的として提案されたモデルである。DNN-HMM において DNN はフレーム単位で学習するため，学習データは音声フレームごとに HMM 状態のラベルが定義されている必要がある。フレーム単位の HMM 状態ラベルは手動で定義することが困難なため，一般的には事前に学習しておいた GMM-HMM を用いて推定することが多い。しかしこ

[†] https://github.com/google/sentencepiece

152   4. 音声認識：発話内容を認識する

の方法では，誤りを含むラベルを用いて DNN を学習していることになる。また音素と音素の境目や，雑音などの非音声区間に対しても正確にラベルを定義することは困難であるという根本的な問題もある。

本来，音声認識にとっては出力されるテキスト系列が正解することが重要であり，それが満たされているのであれば，フレームレベルのような細かい単位でのラベルとの一致は必要ないと考えらえる。そこで CTC では，フレーム単位のラベルを用いずに，出力テキスト系列が正解になることを目的関数として DNN を学習する。

CTC の重要なポイントの一つはブランクというラベルの導入である。ブランク（ラベルなし）とは文字どおり「ラベルがない」という意味であり，出力結果がブランクのフレームには，どのトークンも割り当てられていないことを意味する。ブランクの導入により，CTC は DNN-HMM と違ってすべてのフレームにラベルを出力することはせず，あくまでテキスト列を出力することのみを前提とした出力ができるようになる。もう一つのポイントは HMM の学習で用いられる前向き・後ろ向きアルゴリズムを DNN の学習に組み込んだ点である。これにより HMM を使わずとも，HMM のようにアライメントを推定しながら DNN を学習することが可能になっている。ここまでは DNN という単語を使って説明してきたが，CTC では HMM を用いずに DNN 単体で音声の時系列情報を扱う必要があるため，基本的に RNN や後述の Transformer エンコーダのような時系列を扱う DNN モデルを使用する。以降では RNN を前提として CTC を解説する。

通常の RNN に音声系列を入力すると，フレームの数だけ出力が得られる。したがって，フレーム単位の出力系列から，テキスト系列（すなわち文字列や BPE 列といったトークン列）に変換する必要がある。フレームごとに得られる RNN 出力は，その時刻における各トークンの事後確率で定義される。

$$y_k^t = P(k, t|\boldsymbol{x}) \tag{4.18}$$

$\boldsymbol{x}$ は入力の音声系列，y_k^t はフレーム t における RNN 出力のノード k の値で

ある。また，RNN 出力のノードのインデックス k は，トークンのインデックスに対応しており，「トークンの種類数 +1」だけ存在する。ここで「+1」となるのは，前述の「ブランク」がトークンの種類に加わっているからである。例として，日本語の音声認識においてトークンを文字で定義している場合を考える。8 フレームの音声系列を RNN に入力し，出力された事後確率が最も高い音素をフレームごとに出力した結果，[い, い, -, い, ね, ね, -, -] という系列が得られたとする。"-" はブランクを表すトークンである。CTC では，以下の手順でフレーム単位の出力系列からテキスト（トークン）系列に変換する。

1. 連続して出現している同一トークンを削除する（上記の例では 2 個目の "い"，2 個目の "ね" および 3 個目の "-"）。

2. ブランクトークン "-" を削除する。

上記の手順を行う関数を $\mathcal{B}$ とすると，$\mathcal{B}([い, い,-, い, ね, ね, -, -]) = [い, い, ね]$ という文字列に変換される。

ブランクを導入することの利点として，大きく以下の 2 点が挙げられる。一つは，同一トークンが連続するテキスト列を表現できることである。ブランクが導入されていない場合，例えば [い, い, い, い, ね, ね, ね, ね] は [い, ね] に変換されてしまうため，[い, い, ね] が表現できない。そこで，連続するトークンの間にブランクを挿入することで，それらを削除せずに残すことができるようになる。もう一つは，厳密にアライメントを決定する必要がなくなる点である。トークンとトークンの境目や雑音やポーズといった非音声区間は正確なラベルを与えることが困難である。ラベルなしを意味するブランクの出力を許可することで，モデルは無理なアライメントを決定しようとせずに，音声認識結果が正解することのみを目的とした学習が行えるようになる。

さて上記の例において，トークン系列「い, い, ね」を出力し得るフレームごとの出力系列（アライメント）は，[い, -, い, い, ね, ね, -, -] や [い, い, い, -, い, い, -, ね] など，複数存在する。したがって，音声系列 $\boldsymbol{x}$ に対するトークン系列 $\boldsymbol{l}$ の事後確率 $P(\boldsymbol{l}|\boldsymbol{x})$ は，CTC が取り得る全アライメント $\boldsymbol{\pi}$ の事後確率の総和となる。

$$P(l|x) = \sum_{\pi \in \mathcal{B}^{-1}(l)} P(\pi|x) \tag{4.19}$$

$$= \sum_{\pi \in \mathcal{B}^{-1}(l)} \prod_{t=1}^{T} y_{\pi_t}^t \tag{4.20}$$

ここで，$\mathcal{B}^{-1}$ は $\mathcal{B}$ の逆関数である。T は音声系列 x のフレーム数，π_t はアライメント π 中のフレーム t におけるトークンである。図 4.8 に，トークン系列 [C, A, T] に対する CTC の取り得るアライメントを示す。

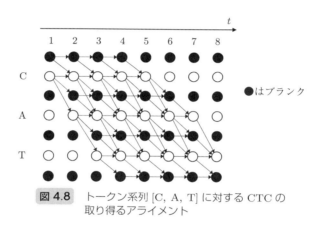

図 4.8 トークン系列 [C, A, T] に対する CTC の取り得るアライメント

図中の白丸はトークンを，黒丸はブランクをそれぞれ表している。この図中における矢印が，トークン系列 [C, A, T] を出力し得るアライメントである。CTC では正解ラベルのトークン系列の事後確率を最大化するように学習する。よって，CTC が最小化すべき損失関数は，対数事後確率に -1 を掛けたものとなる。

$$\begin{aligned}L_{\text{CTC}} &= -\log P(l|x) \\ &= -\log \sum_{\pi \in \mathcal{B}^{-1}(l)} P(\pi|x)\end{aligned} \tag{4.21}$$

この損失関数に対して誤差逆伝播法を用いることで RNN の学習が行われる。しかし，(4.21) 式から，あらゆるアライメントパスを考慮して確率

$P(\boldsymbol{\pi}|\boldsymbol{x})$ を計算する必要がある．CTC では HMM の学習でも使われている前向き・後ろ向きアルゴリズムを使うことで，この確率を効率よく計算している．

4.3.3 RNN トランスデューサ

CTC では音声認識モデルを RNN のみを用いてシンプルに表現していた．RNN は入力系列の時間的依存関係を考慮したモデルにはなっているが，出力系列内の依存関係（すなわち従来の言語モデルが扱っていたコンテキストの情報）は陽にモデル化されていない．**RNN トランスデューサ**[87]（RNN transducer）は CTC のこの欠点を補うべく改良されたモデルである．

CTC と RNN トランスデューサの違いを図 4.9 に示す．図において π で示されるのは，前項で説明したブランクを含むアライメント系列，つまりブランクの削除をする前の認識結果である．CTC において，softmax 処理以前のネットワークをエンコーダと呼ぶことにする．

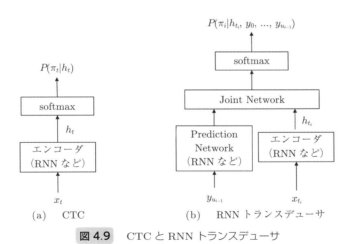

図 4.9 CTC と RNN トランスデューサ

CTC では，入力系列 $\boldsymbol{x}$ が RNN などで構成されるエンコーダに入力され，その出力 h_t がフレーム t ごとに得られる．そして，h_t を softmax 処理することで出力トークンの確率分布 $P(\pi_t|h_t)$ が計算される．一方 RNN トランス

デューサでは，直前に推定された出力トークン y がエンコーダと同じく RNN などで構成される Prediction Network へ入力される．その後，Prediction Network の出力とエンコーダ出力を結合した上で，全結合層で構成される Joint Network を通り，softmax 処理によって出力トークンの確率分布が計算される．ただし直前の出力トークン y はフレームごとの π ではなく，ブランクの削除処理を行った上で出力されたトークンである．このように，これまでに予測したトークンの履歴をつぎのトークンの予測に利用することで，出力系列内の依存関係をモデル化する構成となっている．

CTC では $P(\pi_t|h_t)$ はフレーム t ごと，つまりフレームに同期する形で計算される．一方 RNN トランスデューサでは，エンコーダ出力 h に加えて直前の出力トークン y にも依存して π_t の確率が決まるため，フレームに加えてトークンの出力にも同期して π の出力確率が計算される．図 4.10 に RNN トランスデューサにおけるアライメントパスの例を示す．破線矢印で示されているのが RNN トランスデューサにおいてあり得るアライメントパスで，実線矢印で示されているのはパスの一例である．下方向への遷移はつぎのトークンを出力することを意味する．図の例では，時刻 $t = 1$ において下に遷移し，トークン "C" を出力している（$y(t = 1, u = 0) =$ C）．このとき，前述したとおり π の確率計算はトークンの出力にも同期するため，時刻は

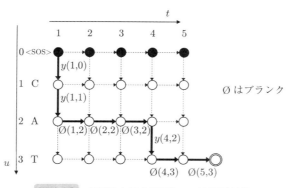

図 4.10　RNN トランスデューサにおける
アライメントパスの例

4.3 End-to-End 音声認識　　*157*

$t = 1$ のまま，出力トークン "C" を Prediction Network に通してさらに確率計算を行う。例では，結果として時刻 $t = 1$ においてさらにトークン "A" を出力している（$y(t = 1, u = 1) = \mathrm{A}$）。右方向への遷移はブランクを意味し，その場合はトークンを出力せずにつぎの時刻を参照することになる（$\varnothing(t = 1, u = 2)$）。以上の処理を繰り返し，最後のフレームでブランクが出力されれば（$\varnothing(t = 5, u = 3)$），処理が終了となる。

　前述したとおり，図 4.8 で示される CTC での処理ではつねにつぎの時刻へと遷移していたのに対して，RNN トランスデューサはブランクが出力されるまでつぎの時刻への遷移が行われず，同じ時刻が参照されることになる。フレーム数を T，出力トークン数を U としたとき，遷移の数は $T + U$ となる（図 4.10 の例では，二重丸のノードに到達するまでの遷移回数は $5 + 3 = 8$ である）。この遷移のインデックスを i としたとき，その遷移において参照される時刻およびトークンのインデックスをそれぞれ t_i, u_i としたとき，RNN トランスデューサにおけるトークン系列 $\boldsymbol{y}$ の出力確率 $P(\boldsymbol{y}|\boldsymbol{x})$ は以下のように計算される。

$$
\begin{aligned}
P(\boldsymbol{y}|\boldsymbol{x}) &= \sum_{\boldsymbol{\pi} \in \mathcal{B}^{-1}(\boldsymbol{y})} P(\boldsymbol{\pi}|\boldsymbol{x}) \\
&= \sum_{\boldsymbol{\pi} \in \mathcal{B}^{-1}(\boldsymbol{y})} \prod_{i=1}^{T+U} P(\pi_i|h_{t_i}, \mathcal{B}(\pi_1, \ldots, \pi_{i-1})) \\
&= \sum_{\boldsymbol{\pi} \in \mathcal{B}^{-1}(\boldsymbol{y})} \prod_{i=1}^{T+U} P(\pi_i|h_{t_i}, y_0, \ldots, y_{u_{i-1}})
\end{aligned}
\tag{4.22}
$$

この事後確率の対数を取って -1 を掛けたものを損失関数として，誤差逆伝播法により RNN トランスデューサの学習が行われる。なおここでもあらゆるアライメントパスを考慮した確率を計算するため，CTC と同様の学習方法が用いられている。

4.3.4　Attention エンコーダ・デコーダモデル

エンコーダ・デコーダモデルは，エンコーダとデコーダとそれぞれ呼ばれる

2種類のニューラルネットによって構成されるモデルで、エンコーダが入力系列の時間的依存関係を、デコーダが出力系列のコンテキスト情報をそれぞれ扱うモジュールとなっている。後述するTransformerもエンコーダデコーダモデルの一種となるが、ここではエンコーダおよびデコーダがどちらもRNNによって構成されているものを狭義のエンコーダデコーダモデルとして定義する。

Attention エンコーダ・デコーダモデル[88]（attention encoder-decoder model）は元々は機械翻訳などの自然言語処理分野で提案されたモデルで、まず最初にエンコーダデコーダモデルが提案された。機械翻訳における従来のエンコーダ・デコーダモデル[89]のイメージを図4.11に示す。エンコーダのRNNは入力系列を読み込み、潜在的な表現（翻訳の場合は入力文の意味情報）へ変換する。デコーダのRNNはエンコーダの出力した潜在表現を受け取り、それをもとに出力系列を推定していく。一つ単語を推定すると、その単語をRNNの入力としてつぎの単語を推定する。この処理を<eos>（end of sequence; 文末マーク）が出力されるまで繰り返す。

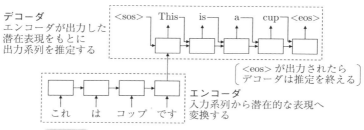

図4.11 Attentionのないエンコーダ・デコーダモデル

従来のエンコーダ・デコーダモデルは比較的短い文章の翻訳は比較的正確に行えるが、長い文章の翻訳が困難であった。なぜなら入力文章の全情報が、最後の単語のRNN層（図4.11の例で「です」が入力される層）に集約された形でデコーダへ伝わるため、長い入力文章を集約すると情報が薄れてしまうからである。この問題を解決するために提案されたのがAttention機構[90]である。Attention機構を導入したエンコーダ・デコーダモデルを図4.12に示す。

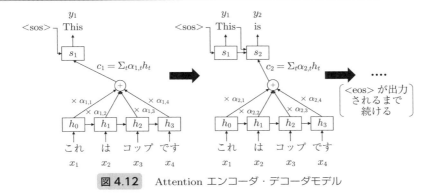

図 4.12 Attention エンコーダ・デコーダモデル

Attention 機構のアイディアは，出力する単語にとって重要な入力単語のみに注視（attention）して潜在表現を抽出することである．図 4.12 の例では，まず最初の単語を推定する際に，「これ」「は」「コップ」「です」それぞれのエンコーダ出力に対して重み α を掛けて足し合わせている．つぎに，出力された「This」をデコーダの RNN に入力してつぎの単語を推定する際に，再度重みを計算して重み付け足し合わせを行う．以上の処理を <eos> が出力されるまで繰り返す．この重み α のことを Attention 重みと呼び，これを計算するパラメータはニューラルネットワークの一部としてエンコーダデコーダモデルのパラメータと一緒に学習される．最初の単語「This」を出力する際は入力単語の「これ」を，つぎの「is」を出力する際は入力単語の「は」というように，つぎの単語の推定にとって重要な入力単語の情報を都度重み付けすることで，前述した長い文章における各単語の情報が薄れてしまうという問題を解決することが可能となる．

音声認識における Attention エンコーダ・デコーダモデルでは，「これ」「は」に対応するものが音声の各フレームの特徴量，「This」「is」に対応するものが音声認識結果の各トークンとなる．$x_1, \ldots, x_4$ を 1 フレーム目から 4 フレーム目までの音声特徴量，y_1, y_1 を音声認識結果の最初およびそのつぎのトークンと見直した上で図 4.12 と見比べながら以降を読むと理解がしやすいと思われる．

160　　**4.　音声認識：発話内容を認識する**

まずエンコーダについては，基本的には CTC と同じように RNN で構成されている。

$$h_t = \text{Encoder}(x_t) = \text{RNN}(x_t, h_{t-1}) \tag{4.23}$$

ここで，x_t と h_t はそれぞれフレーム t における入力音声特徴量と変換された潜在特徴量である。上式は Unidirectional RNN の場合を記載しているが，Bidirectional RNN を用いる場合は $\text{RNN}(x_t, h_{t-1}, h_{t+1})$ となる。つぎに Attention 重みを用いてフレームごとの潜在特徴量の重み付け総和を計算する（Attention 重みの計算方法は後述する）。

$$c_i = \sum_t \alpha_{i,t} h_t \tag{4.24}$$

ここで，c_i は i 番目のトークンを推定するために抽出した潜在特徴量で，コンテキストベクトルとも呼ばれる。$\alpha_{i,t}$ は i 番目のトークンを推定するために用いる，フレーム t ごとの Attention 重みである。

デコーダは RNN と出力層で構成される。まず RNN の計算を以下のように行う。

$$s_i = \text{RNN}(\text{cat}(c_i, \text{embed}(y_{i-1})), s_{i-1}) \tag{4.25}$$

ここで，s_i はデコーダの RNN の隠れ層の値，y_{i-1} はすでに推定された一つ前のトークンである。$\text{embed}(y_{i-1})$ はトークンをベクトルに変換したものである（この処理のことをエンベディング（embedding）と呼ぶ）。$\text{cat}(c_i, \text{embed}(y_{i-1}))$ は二つのベクトル c_i と $\text{embed}(y_{i-1})$ を連結したベクトルを意味する。RNN の出力を線形層と softmax 関数に通すことで，i 番目のトークン y_i が推定される。

$$y_i \sim \text{softmax}(\text{Linear}(\boldsymbol{s}_i)) \tag{4.26}$$

ここで，"$\sim$" は softmax 出力の中で最も値の大きいノードに対応する単語を出力する処理を簡略化して書いた記号である。

Attention 重みの計算方法はいくつか提案されているが，ここでは Location aware attention と呼ばれる方法を紹介する。この方法では，エンコーダの出力系列 h，直前のトークンを推定した際に計算したデコーダの RNN 隠れ層の値 s_{i-1} と Attention 重みベクトル $\alpha_{i-1} = [\alpha_{i-1,1}, \alpha_{i-1,2}, \ldots]^\mathsf{T}$ をもとに，つぎの Attention 重みを決定する。

$$\alpha_i = \text{Attend}(s_{i-1}, \alpha_{i-1}, h) \tag{4.27}$$

具体的な計算式は以下のように定義される。

$$f = Q * \alpha_{i-1} \tag{4.28}$$

$$e_{i,t} = w^\mathsf{T} \tanh(\boldsymbol{W} s_{i-1} + \boldsymbol{V} h_t + \boldsymbol{U} f_t + b) \tag{4.29}$$

$$\alpha_{i,t} = \text{softmax}(\beta e_{i,t}) \tag{4.30}$$

上記の式において，$\boldsymbol{Q}$，$\boldsymbol{W}$，$\boldsymbol{V}$，$\boldsymbol{U}$，w，b はニューラルネットワークの学習によって求まるパラメータである。$*$ は畳み込み演算を表す。softmax 関数に使われている β はハイパーパラメータで，1.0 より大きい値を設定すると，その分 softmax 関数が出力する Attention 重みがシャープになる。

RNN の出力に対して後処理が必要な CTC とは異なり，Attention エンコーダ・デコーダモデルではデコーダの出力結果がそのまま音声認識結果となるため，正解ラベルのトークン系列を one-hot ベクトルに変換してクロスエントロピー損失関数を用いて学習を行う。

4.3.5 Transformer

Transformer[91),92)] は RNN と同様に，系列データのための深層ニューラルネットワークモデルである。RNN では回帰型のニューラルネットワーク構造により，系列情報を扱うのに対して，Transformer では後述の Self-Attention 機構により回帰型構造を使わずに系列情報を扱うことが可能となっている。そのため，Transformer は RNN では困難な系列データの並列計算が可能となり，学習時間を短縮することが可能である。これにより，Transformer は RNN に比べて大量のデータを用いて学習することが容易となり，自然言語処理をはじめとしたさまざまな分野で利用されるモデルとなった。4.3.4 項で説明した Attention エンコーダデコーダモデルのエンコーダおよびデコーダをそれぞれ RNN から Transformer に置き換えたものを，Transformer モデルと呼ぶこととする。

Transformer では **scaled dot-product attention** と呼ばれる Attention 機構の一種が随所に使用されている。scaled dot-product attention の計算の流れを図 **4.13** に示す。一般に，Attention 機構への入力は，クエリ（Query: Q），キー（Key: K），バリュー（Value: V）の 3 種類である。これらが入力されたとき，Attention 機構では，あるクエリ Q に対して，時系列信号であるキー K をもとに重要な時刻を重みとして計算する。そしてキーと同じ長さの時系列信号であるバリュー V に対して重み付け和を計算する。4.3.4 項にて，図 4.12，式（4.24）および式（4.27）〜（4.30）を用いて説明した At-

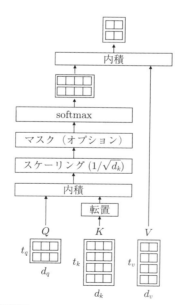

図 **4.13** scaled dot-product attention の計算の流れ

tention 構造の場合，クエリは直前トークン推定時に計算された中間出力 s_{i-1} であり，キーとバリューはどちらも入力系列の中間出力 $\bm{h}$ である。

クエリ $Q \in \mathbb{R}^{t_q \times d_q}$，キー $K \in \mathbb{R}^{t_k \times d_k}$，バリュー $V \in \mathbb{R}^{t_v \times d_v}$ を用いて，Scaled dot-product attention はつぎの式で定義される。

$$\text{Attention}(Q, K, V) = \text{softmax}\left(\frac{QK^\mathsf{T}}{\sqrt{d_k}}\right)V \tag{4.31}$$

t_q, t_k, t_v および d_q, d_k, d_v はそれぞれ Q, K, V の系列長および次元数である。また，$d_q = d_k$，$t_k = t_v$ である。

式 (4.29) ではクエリ s_{i-1} とキー h_t が加算されているため additive attention と呼ばれるのに対して，式 (4.31) ではクエリ Q とキー K の内積を取っていることから，dot-product attention と呼ばれる。Transformer では，dot-product attention が additive attention よりも計算が効率的であることから，これを採用している。また，クエリとキーの次元数 d_k が大きい場合，内積値が大きくなりすぎて，その結果勾配が小さくなりすぎてしまうため，その対策として $\sqrt{d_k}$ でスケーリングしている。

Transformer では，前述の scaled dot-product attention を，複数種類の Attention 重みを学習させる **multi-head attention** に拡張している。multi-head Attention を図 **4.14** に示す。また，具体的な multi-head attention MHA (Q, K, V) の計算を以下の式に示す。

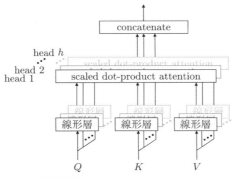

図 **4.14** multi-head attention

$$H_h = \text{Attention}(QW_h^q, KW_h^k, VW_h^v), \tag{4.32}$$

$$\text{MHA}(Q, K, V) = [H_1, H_2, \ldots, H_{d_{head}}]W^{head} \tag{4.33}$$

まず事前にクエリ，キー，バリューをそれぞれ d_{head} 種類の行列 W_h^q, W_h^k, W_h^v で射影することで d_{head} 種類のクエリ，キー，バリューのセット QW_h^q, KW_h^k, VW_h^v を計算する．その後，各セットに対して Attention を計算し，それらの結果を行列 W^{head} との内積により統合する．

Transformer モデルのネットワーク構造を図 4.15 に示す．図中の左側のネットワークがエンコーダ，右側のネットワークがデコーダである．まずエンコーダネットワークについて説明する．入力は音声特徴量系列 **x** である．自然言

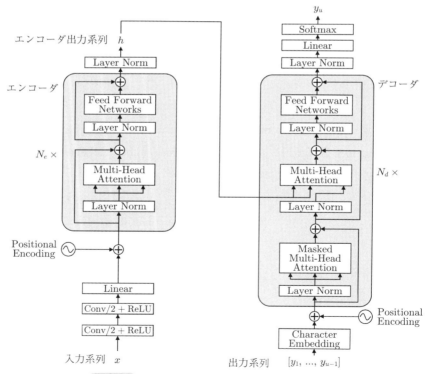

図 4.15 Transformer モデルのネットワーク構造

語処理における Transformer とは異なり，ここではエンコーダに入力する前に畳み込み層（図中の「Conv/2+ReLU」）を通っている。音声認識の場合，出力系列のトークン数と比べて入力系列のフレーム数は非常に多いため，畳み込みを実施することで，フレーム数の削減を行っている。図の場合，ストライドを 2 に設定した畳み込み層を 2 回通すことで，フレーム数が 1/4 に削減されることになる。つぎに，**Positional Encoding** と呼ばれる処理を実施する。Transformer では RNN のような自己回帰構造のネットワークを使わずに，後述の Self-Attention と呼ばれる処理により時系列情報を考慮したモデル化を行うが，Self-Attention 単体には入力系列内の時間的順序関係を捉える構造が入っていない。そのため，時間的な順序関係を表すベクトルを入力系列内に埋め込む。この処理を Positional Encoding と呼ぶ。埋め込むための Positional Encoding ベクトルは以下の式によって定義される。

$$
\mathrm{PE}(pos, i) = \begin{cases} \sin \dfrac{pos}{10000^{2i/d_{\mathrm{model}}}} & 0 \leqq i < \dfrac{d_{\mathrm{model}}}{2}, \\ \cos \dfrac{pos}{10000^{2i/d_{\mathrm{model}}}} & \dfrac{d_{\mathrm{model}}}{2} \leqq i < d_{\mathrm{model}}. \end{cases} \quad (4.34)
$$

pos は入力系列内の時間を示すインデックス，i は入力系列内の各ベクトルの次元インデックス，d_{model} は次元数である。$\mathrm{PE}(pos, i)$ は入力系列内の時間的位置および次元によって固有の値を持つため，PE を入力系列に加算することによって，時間的な順序関係を入力系列に埋め込むことができる。

Positional Encoding の処理を行ったあと，Multi-Head Attention に入力される。ここの Attention 機構においては，クエリ，キー，バリューすべてに同一の入力系列情報を与えている。重みの計算対象であるキーと同じ系列をクエリに与えていることから，これを **Self-Attention** と呼ぶ。Self-Attention では式（4.31）で同じ系列を Q および K に与えるため，これは系列内の各時刻同士の関連度を計算していることに相当する。これにより，RNN を使わずに系列情報を表現可能にしている。RNN と比べて Self-Attention は自己回帰モデルではないため，並列処理によって学習を高速化可能な点が Self-Attention の利点である。Self-Attention を実施した後，全結合ネットワーク

166 　4.　音声認識：発話内容を認識する

（Feed Forward Networks）に通す。Self-Attention および全結合ネットワークの処理を，N_e 回実施することで，エンコーダ処理が完了する。

　つぎに図 4.15 のデコーダネットワークについて説明する。出力系列を $\boldsymbol{y}$ とし，これから u 番目のトークン y_u を推定しようとしているとする。このとき，これまで出力された系列 $[y_1, y_2, \ldots, y_{u-1}]$（出力履歴）を入力として用いる。出力履歴系列を Embedding 処理よりベクトル化し，さらにエンコーダと同様に Positional Encoding 処理を行う。つぎに，ベクトル化された出力履歴系列を Self-Attention に通す。この処理において，認識時は通常の Self-Attention でもよいが，学習時には注意すべき点がある。先述のとおり，Transformer は系列内の各時刻を並列に学習処理するため，学習時はデコーダへの入力として，出力系列 $\boldsymbol{y}$ をそのまま入力する。しかしこの場合，u 番目のトークンの推論において，入力系列に存在する u 番目以降のトークンを参照してしまうことになる。これを防ぐため，u 番目のトークンの推論においては，u 番目以降の入力系列を参照できないようにアテンション重みを 0 にする処理を行う。これを Masked Attention と呼ぶ。

　（Masked）Self-Attention を通ったのち，さらに Multi-Head Attention に入力される。このとき，出力履歴系列の Self-Attention 結果はクエリ Q とし，エンコーダ出力である $\boldsymbol{h}$ をキー K およびバリュー V とする。これは 4.3.4 項で説明した RNN エンコーダ・デコーダモデルにおいても，デコーダの過去の状態をクエリ，エンコーダ出力をキーおよびバリューとして Attention を実施していたのと対応している。その後，さらに全結合ネットワーク（Feed Forward Networks）に通す。以上の処理を N_d 回実施した後，y_u を推定する。

4.3.6　Conformer

　Transformer は元々自然言語処理分野で提案されたモデルであったが，これを音声処理向けに改良したモデルとして **Conformer**[93] が提案されている。Conformer では，音声時系列信号が持つ局所的な系列情報の表現能力を強めるために，Transformer エンコーダ部分に CNN を組み合わせている点が大き

な特徴である。

エンコーダにおける Transformer ブロックと Conformer ブロックの比較を図 4.16 に示す。まず，Transformer ブロックでは Self-Attention のつぎに全結合ネットワークが続いているのに対して，Conformer ブロックでは二つの全結合ネットワークが Self-Attention を挟み込むような構造になっている。ただしこの二つの全結合ネットワークは，それぞれの出力に対して 1/2 を掛けてから，skip connection との加算を行っている。このような構造は Macaron-Net[94] と呼ばれる。また図には記載していないが，エンコーダに入力する直前の Positional Encoding も相対的な時刻情報に基づきエンコードする Relative positional encoding を使用していることも改良点の一つである。また Conformer ブロックに特有の処理が Convolution Module である。Self-Attention は大域的な時間情報の抽出に向いているのに対して，畳み込みは局所的な時間情報の抽出に向いている。Convlution Module の目的は，畳み

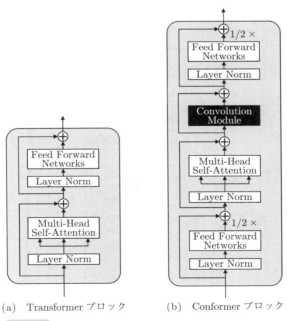

(a) Transformer ブロック   (b) Conformer ブロック

図 4.16　Transformer ブロックと Conformer ブロック

込み処理を導入することにより，大域的および局所的の両方の時間情報抽出を行うことである．

Convolution モジュールのネットワーク構造を図 4.17 に示す．Convolution モジュールは単純な CNN ではなく，さまざまな工夫がなされている．まず，空間方向とチャネル方向の畳み込みを同時に行う通常の CNN ではなく，空間方向の畳み込みのみを行う Depthwise 畳み込み層と，チャネル方向の畳み込みのみを行う Pointwise 畳み込み層に分けて実施することで，通常の CNN と比べて少ないパラメータ数で畳み込みを実行できる，Separable convolution というテクニックを使用している．また，畳み込み処理に LSTM のようなゲート処理を導入した Gated Linear Unit（Glu）activation[95] や Swish Activation の導入によるモデルチューニングも行っている．Conformer は Transforer に比べて高い音声認識性能を示すことが報告されているほか，音源分離や音声合成のタスクにおいても有効であることが報告されている．

Conformer は大域的な時間情報抽出を行う Self-Attention と局所的な時間

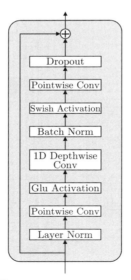

図 4.17　Conformer ブロックにおける Convolution モジュール

情報抽出を行う Convolution モジュールを直列につないだモデルである。これに対して，Self-Attention と畳み込み処理を並列につなげた Branchformer[96] や，その改良である E-Branchformer[97] も提案されている。

4.4 End-to-End 音声認識ツール ESPNet

4.4.1 ツールの導入と使用方法

End-to-End モデルの多くは Python および Pytorch などのニューラルネットワーク構築ツールを用いて実装され，そのソースコードが GitHub などで公開されている。中でも **ESPNet**[98][†1]はさまざまな End-to-End モデルが実装されており，また代表的なデータセットに対する実験レシピも同梱されているため，最新の End-to-End モデルによる音声認識実験が簡単に行える。本項では，ESPNet の導入方法について簡単に説明する[†2]。

ESPNet は Python および Pytorch 上で実装されているため，これらの事前インストールが前提である。また End-to-End モデルの学習を現実的な時間で行うためには，GPU が搭載されている PC 環境が必須である。また，ESPNet は Kaldi[†3]と呼ばれるツールキットの一部を使用しているため，Kaldi もダウンロードしておく必要がある。Kaldi とは，DNN-HMM ハイブリッドモデルを含む，HMM を用いた音声認識を行うツールキットであり，ESPNet では，データセットの定義方法やレシピの構成など，一部の実装は Kaldi を参考に作成されている。

ESPNet をダウンロードおよびインストールし，espnet フォルダを見ると，"egs" および "egs2" という名前のフォルダが見つかる。このフォルダには，さまざまな音声データセットに対する実験レシピが格納されている。ESPNet には，旧バージョンの ESPNet（ESPNet1）と，新バージョンの ESPNet2 が

[†1] https://github.com/espnet/espnet

[†2] なお，以降の説明は Linux OS を使用していることを前提としている点に注意されたい。

[†3] https://github.com/kaldi-asr/kaldi

170　　**4. 音声認識：発話内容を認識する**

存在する。ESPNet2 は，ESPNet1 が依存していた複数のツールを使わないように設計し直したもので，最新の手法などは ESPNet2 を中心に実装されている。"egs" は ESPNet1，"egs2" は ESPNet2 に対応したレシピが格納されている。ここでは ESPNet2 を前提に説明する。

"egs2" フォルダの下には多数のサブフォルダが存在しているが，これらのサブフォルダの名前が，音声データセットの名前に対応している。音声認識実験のレシピが存在する日本語データセットとしては，"csj"（日本語話し言葉コーパス；Corpus of Spontaneous Japanese: CSJ）や "jsut"（Japanese speech corpus of Saruwatari-lab., University of Tokyo: JSUT），"jtube-speech"（Japanese YouTube Speech corpus: JTubeSpeech），"laborotv"（LaboroTVSpeech），"reasonspeech"（ReazonSpeech）が挙げられる。どのコーパスを使うべきかは用途や計算機環境によって異なるが，「音声認識モデルを試しに学習してみたい」，「ツールの動作を追いながら中身を理解したい」といった目的であれば，フリーで使用できかつ小規模な JSUT コーパス[99]†1 がおすすめである。JSUT コーパスは日本人女性話者 1 名による 10 時間程度の発話音声が収録されたデータセットである。

"jsut" フォルダの下には "asr1" と "tts1" というフォルダが存在する。"asr1" が音声認識（Automatic speech recognition; ASR）である。ESPNet2 は音声認識だけでなく音声合成や音源分離といった音声処理タスクにも対応しており，"tts1" には音声合成（Text-to-Speech; TTS）の実験レシピが格納されている。"asr1" フォルダの下に，音声認識実験に使用するスクリプト一式が格納されている。

音声認識実験を開始するためには，"run.sh" という名前のシェルスクリプトを実行すればよい。図 **4.18** に "run.sh" の内容の一部を示す†2。

"run.sh" の中では，実験設定を記述した上で音声認識実験スクリプト

---

†1　https://sites.google.com/site/shinnosuketakamichi/publication/jsut
†2　スクリプトの内容は本書執筆時点のものである。ESPNet の更新によって内容は変わっている可能性がある点には注意されたい

4.4 End-to-End 音声認識ツール ESPNet   *171*

```bash
#!/usr/bin/env bash
...
train_set=tr_no_dev
valid_set=dev
test_sets="dev eval1"

asr_config=conf/tuning/train_asr_conformer8.yaml
inference_config=conf/decode_transformer.yaml
lm_config=conf/train_lm.yaml
./asr.sh \
    --ngpu 4 \
    --lang jp \
    --token_type char \
    ...
```

図 4.18　run.sh の内容の一部

("asr.sh") を実行している。"train_set"，"valid_set"，"test_set" はそれぞれ学習，検証，評価セットのフォルダ名である。"test_set" は複数のフォルダを指定することが可能である。"asr_config"，"inference_config"，"lm_config" はそれぞれ音声認識モデルの設定ファイル，デコーディング時の設定ファイル，言語モデルの設定ファイルのパスである。この例では，"asr_config" において Conformer モデルを使用する設定ファイルを指定している。モデルの設定ファイルとしては，"conf/tuning" フォルダ以下に，RNN エンコーダ・デコーダモデルや Transformer などの設定ファイルも存在する。また，"jsut" フォルダに設定ファイルが存在しなかったモデルは，他のデータセットのフォルダに存在している場合もある。"ngpu" は使用する GPU の数である。実験環境に搭載されている GPU の数を超えて指定するとエラーになるため，実験環境に合わせて設定が必要である。"token_type" はトークンの種類である。"token_type char" は文字をトークンとして音声認識を行う。"token_type bpe" とした場合は BPE をトークンとする。BPE を指定した場合は，語彙として登録する文字組み合わせの数を "nbpe" として設定する必要がある。

　"run.sh" を実行すると，最初にデータセットを ESPNet で読み込むデータ形式に整形する。その過程で，"data" というフォルダが作成される。さらに

172　4.　音声認識：発話内容を認識する

"data" フォルダの下には "tr_no_dev"，"dev"，"eval1" といったサブフォルダが存在する。これらが，"run.sh" で指定した学習，検証，評価セットのフォルダになっている。これらのうちいずれかのフォルダを見ると，"wav.scp"，"text"，"utt2spk"，"spk2utt" というファイルが存在している。以下にそれぞれの説明をする。

- wav.scp：発話ごとの wav ファイルパスの情報が記載されている。「発話 ID wav ファイルのパス」あるいは「発話 ID wav データを標準出力するコマンド |」という形式で記述する。後者の記述を用いる際は必ず文末に「|」が必要である。
- text：発話ごとの正解テキスト情報が記載されている。「発話 ID 文章」という形式で記述する。
- utt2spk：発話ごとの話者情報が記載されている。「発話 ID 話者 ID」という形式で記述する。
- spk2utt：話者ごとの発話情報が記載されている。「話者 ID 発話 ID1 発話 ID2...」という形式で記述する。utt2spk と spk2utt は対になっており，どちらか一方のファイルが作成されていれば，もう一方のファイルは "utils" フォルダ内の "spk2utt_to_utt2spk.pl" あるいは "utt2spk_to_spk2utt.pl" という perl プログラムを使用することで作成できる。

　ESPNet で音声認識実験を行う上で必要な情報が，発話ごとの「発話 ID（名前のようなもの。任意の ID を指定可能）」，「wav ファイルのパス」，「正解テキスト」，「発話者 ID」である。発話者 ID は，音声認識結果を話者ごとに集計するために使用される。これらの情報を記載しているのが前述の "wav.scp"，"text"，"utt2spk"，"spk2utt" である。また，これらの情報を作成しているのは "local" フォルダ内の "data.sh" というシェルスクリプトである。よって，自前で新たな音声データセットを作って音声認識実験を行いたい場合は，"wav.scp"，"text"，"utt2spk"，"spk2utt" を学習，検証，評価セットごとに作成する "data.sh" というシェルスクリプトを記述することになる。データセットの整形が終われば，モデルの学習および評価が行われる。

4.4 End-to-End 音声認識ツール ESPNet　　*173*

4.4.2　CTC とエンコーダ・デコーダ型モデルとのマルチタスク学習

RNN エンコーダ・デコーダや Transformer といった，エンコーダ・デコーダ型の方式では，エンコーダとデコーダをつなぐための Attention が使用されているが，雑音の多い音声や長い発話が学習データに含まれる場合など，学習の条件によっては Attention 重みの推定が不安定になり，モデルがうまく学習されない場合があることが報告されている[100]。また Transformer においても，Attention の推定の不安定さによって学習の収束が遅くなることも報告されている[101]。Attention 重みの推定が安定しなくなる理由として，推定自由度の高さが挙げられる。そのため，例えば最初のトークンを推定する際に終端のフレームに高い重みを与えたり，逆に最後のトークンの推定において最初のフレームに高い重みを与えるといった，直感的にあり得ないような重みを付ける場合がある。これを防ぐ方法として，エンコーダ・デコーダ型モデルの学習において，CTC の損失関数を補助関数として使用する方法が提案されている[100],[101]。このような，複数の学習指標を用いて一つのモデルを学習することをマルチタスク学習と呼ぶ。

CTC の損失関数では，起こり得るアライメントパスを考慮しながら正解ラベルが出力される確率を最大化するように働くため，先ほど例に挙げたような不自然なアライメントは起こり得ない。そのため，CTC の損失関数を補助損失関数として使用すると，始端付近のトークンを推定する場合は音声の始端周辺を，逆に終端付近のトークンを推定する場合は音声の終端周辺を参照するような，自然な Attention 重みが安定して得られやすくなり，結果として音声認識性能が上がることが報告されている。さらに，学習時だけでなく，音声認識の際にも CTC と Attention モデルの出力を統合する Hybrid CTC-Attention モデル[102] も提案されている。これらのような，CTC を学習および認識において補助的に使用する方式は ESPNet では標準的な仕様となっており，学習においては学習用のコンフィグファイルにて "ctc_weight" という設定項目で，認識においては認識用のコンフィグファイルにて "ctc_weight" という設定項目で，それぞれ設定可能である。

174   4. 音声認識：発話内容を認識する

4.4.3 評価結果の見方と評価指標

　一般的なパターン認識では，クラスを正しく認識できた割合を示す認識率で評価することが多い。しかし，音声認識の場合，正解のテキスト系列と認識結果のテキスト系列の長さが一致していないため，認識率で評価することが難しい。例えば「音声認識を行うううう」という認識結果は「音声認識を行う」というフレーズ自体は正解しているが，余計な文字が出力されてしまっているため減点すべきである。そのため，音声認識においては正解のテキスト系列長に対して，認識誤りがどれくらい出力されたかの割合を示す，誤り率で評価することが一般的である。

　図 4.19 に，文字誤り率の計算例を示す。これは「音声認識を行う」という発話に対して「音泉認を行あう」と認識された場合の例である。この例では 3 種類の誤り方があることがわかる。まず「声」が「泉」に置き換わっており，これを置換誤り（substitution: Sub）と呼ぶ。つぎに「識」が認識されずに消えており，これを削除誤り（Deletion: Del）と呼ぶ。最後に「あ」が余計に認識されており，これを挿入誤り（insertion: Ins）と呼ぶ。これらを元に，評価指標である誤り率（error rate: Err. この場合は文字誤り率）は以下の式によって算出される。

$$\text{文字誤り率} = \frac{\text{置換誤りの文字数} + \text{削除誤りの文字数} + \text{挿入誤りの文字数}}{\text{正解ラベルの文字数}} \tag{4.35}$$

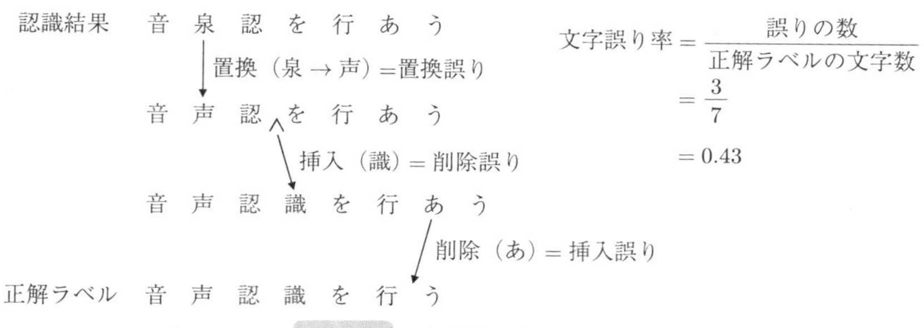

図 4.19　文字誤り率の計算例

4.4 End-to-End 音声認識ツール ESPNet   175

これらの誤りの検出は，図 4.19 のように，音声認識結果をできるだけ少ない修正で正解ラベルに変換することで行われる。例えば認識結果が「おはうおう」，正解ラベルが「おはよう」としたとき，認識結果を正解ラベルに変換するには，「は」と「う」の間に「よ」を挿入して（修正 +1）から最後の「お」と「う」を削除する（修正 +2）方法（総修正数は 3）もあり得るが，1 文字目の「う」を「よ」に置換して（修正 +1）から「お」を削除する（修正 +1）方法（総修正数は 2）のほうが修正数は少ない。図 4.19 の例では「泉」を「声」に置換し，「認を」の間に「識」を挿入し，「あ」を削除することが最小の修正となる。置換処理に対しては置換誤り，挿入処理に対しては削除誤り，削除処理に対しては挿入誤りがそれぞれカウントされることとなる。したがって，修正を行った回数が誤った文字の数ということになる。この最小修正回数のことをレーベンシュタイン距離あるいは編集距離と呼び，DP マッチングと似たアルゴリズムを使って算出される。

さて，ESPNet のレシピを実行し，一通り処理が完了すると，**図 4.20** のような学習した音声認識モデルの評価結果が出力される。図 4.20 の下側の図では "felc0-felc0_sx216" という発話についての実際の認識結果が示されている。

SPKR	# Snt	# Wrd	Corr	Sub	Del	Ins	Err	S.Err
fdhc0	8	298	87.9	9.4	2.7	1.0	13.1	100.0

```
id: (felc0-felc0_sx216)
Scores: (#C #S #D #I) 24 3 2 1
REF:  sil dh ah s sil m aa l sil b oy sil p uh sil DH aw ** ER m ah n DH AH hh UH sil k sil
HYP:  sil dh ah s sil m aa l sil b oy sil p uh sil T  ah w AA R m ah n ** ** hh OW sil k sil
Eval:                                             S    I  S       D  D          S
```

図 4.20　ESPNet による音声認識評価結果（抜粋）

下側の図において，REF と記されているのが正解ラベル（reference），HYP と記されているのが認識結果（hypothesis）である。この例では，TIMIT と呼ばれる英語コーパスレシピを動作させた場合の結果を抜粋しており，TIMIT コーパスのレシピでは音素をトークンとして認識しているため，正解ラベルおよび認識結果はそれぞれ英語の音素の系列が記されている。REF および

HYP は，それぞれ削除誤りおよび挿入誤りが見やすいように，削除誤りが発生している箇所は HYP 側に，挿入誤りが発生している箇所は REF 側に，それぞれ "**" という記号が挿入されている。REF と HYP でトークンが一致している数が Scores で始まる行の "#C"（correct）であり，図の例では 24 トークンが一致していることが記載されている。また，置換誤り，削除誤り，挿入誤りの数はそれぞれ "#S"，"#D"，"#I" で記載されており，それぞれの誤りが 3，2，1 トークン存在していることが記載されている。また，Eval で始まる行に，置換誤り（S），削除誤り（D），挿入誤り（I）の箇所がそれぞれ記載されている。図 4.20 の上側の図では，"fdhc0" という話者に対する評価の集計結果が記載されている。"Corr"，"Sub"，"Del"，"Ins" はそれぞれトークンの一致率，置換誤り率，削除誤り率，挿入誤り率を表しており，"Err" は総誤り率，すなわち置換，削除，挿入誤り率の合計を表す。"Corr" は 100 から置換誤り率と削除誤り率を引いた値に相当し，挿入誤り率を考慮しない評価指標である点に注意したい。また，総トークン数に比べて挿入誤りの数が多い場合，総誤り率は 100 ％ を超えることになる。

4.5　事前学習済みモデル

　大規模な音声データを用いて大規模なモデルを学習すれば，高い音声認識性能が得られるが，一から学習するためには高い計算機リソースが必要である。しかし，このような大規模モデルの中には公開されているものもあるため，これをそのまま認識に利用したり，手元のデータでファインチューニングすることが可能である。本節では，よく利用される事前学習済みモデルについて紹介する。

4.5.1　自己教師あり学習

　音声認識がクラウドシステムとして一般に普及することで，ユーザによるシステム使用時の入力音声がログとして蓄積され，それらを学習データとして利

4.5 事前学習済みモデル　　177

用することが期待されるようになった。音声データの収集が比較的容易になっている一方で，蓄積された音声データに対する正解ラベルの付与（アノテーション）のコストは依然として高い。

アノテーションの存在しない大量の音声データを音声認識モデルの学習に利用する方法の一つとして，音声認識結果を正解ラベルとして利用する疑似ラベリングの手法が存在するが，近年では**自己教師あり学習**（self-supervised learning）と呼ばれるアプローチが注目されている。自己教師あり学習は，人手によるラベルがなくても行えるタスクを設定し，そのタスクを解くようにモデルを学習する手法の総称である。例えば画像処理を例に挙げると，ある1枚の画像に対してグリッド上に複数のサブ画像に分割し，それらをランダムに並べ替えた画像を生成する。ランダムに並び替えられた画像から元の画像を復元する，つまりパズルを解くようにモデルを学習させる。このような自己教師あり学習をされたモデルは，画像中に含まれる物体のパーツごとの相対的な位置関係を学習しており，このモデルを初期モデルとして，ラベルありデータを使って画像分類モデルを学習することで高い性能が得られる。代表的なモデルは自然言語処理における BERT や GPT2 などである。BERT では大量のテキストデータに対して，テキスト中の一部の単語をマスキングし，マスクされた単語を推定するようにモデルを学習させており，BERT によって学習されたモデルはさまざまな自然言語処理タスクにおいて優秀な初期モデルとして利用されている。

自己教師あり学習は前述のとおり，正解ラベルを用いずに，別のなんらかのタスクによってモデルを学習する。よって，学習されたモデルは入力（音声認識の場合は音声）の特徴は学習しているが，ラベル（音声認識の場合はテキスト）を出力する機能が備わっていない。そのため，自己教師あり学習されたモデルを初期モデルとして，アノテーション付きデータを用いて通常の教師あり学習によってファインチューニングすることで，最終的な音声認識モデルが学習される。音声認識分野の自己教師あり学習モデルとして，**wav2vec2.0**，**HuBERT**，**WavLM** が存在する。これらはいずれも音声波形を入力として

〔1〕 **wav2vec2.0**　wav2vec2.0[103]はBERTのように，音声の一部のフレームをマスキングし，マスキングされたフレームの情報を推定するように学習された自己教師あり学習モデルである。wav2vec2.0が提案される前にwav2vec[104]（1.0と呼ぶことにする），vq-wav2vec[105]が提案されている。wav2vec1.0では，まず音声波形をエンコーダに入力することで潜在特徴を抽出し，過去のフレームの潜在特徴から近い未来のフレームの潜在特徴を予測するようなタスクで自己教師あり学習を行っていた。この後に提案されたvq-wav2vecは，エンコーダから出力される連続値の潜在特徴量を，ベクトル量子化により離散値に変換する点が大きな特徴である。wav2vecの目的は入力波形から音声のコンテキスト情報を抽出するのに適したベクトル表現を得ることである。潜在特徴を量子化することにより，音素のようなコンテキストを構成する単位を学習しやすくすることを可能にした。wav2vec2.0では図**4.21**で示されるように，未来を予測するタスクの代わりに，BERTのような一部

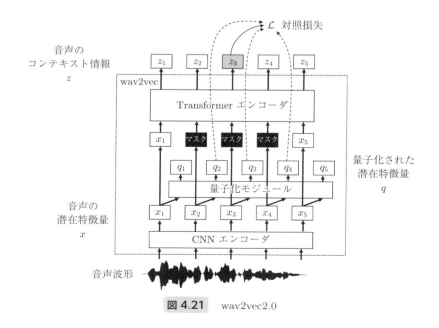

図 4.21　wav2vec2.0

の時間帯の潜在特徴をマスクし，マスクされた潜在特徴の量子化表現を推定するようなタスクにより自己教師あり学習を行っている。

wav2vec2.0 の事前学習済みモデルは音声認識の学習における初期モデルとして優れており，わずか 10 分のラベル付き音声を用いてファインチューニングするだけでも高い音声認識性能を示すことが報告されている。さらに，単一言語の音声ではなく，複数言語の音声を用いて学習された wav2vec2.0-XLSR (cross-lingual speech representations)[106] も公開されており，このモデルは音声データが少ない言語の音声認識において優れた性能を示している。

〔2〕 **HuBERT**　HuBERT[107] は wav2vec2.0 よりも後に提案された自己教師あり学習モデルである。HuBERT も wav2vec2.0 と同様に Transformer モデルを採用しており，やはり BERT と同じくマスクされた時刻の量子化潜在特徴量を推定するように自己教師あり学習を行っている。HuBERT による自己教師あり学習の概要を図 4.22 に示す。wav2vec2.0 との大きな違いは，wav2vec2.0 は量子化を行うモジュールをモデル全体と同時に学習しているのに対して，HuBERT ではモデルの学習と量子化を交互に行っている点である。HuBERT ではまずフレームごとの MFCC を K-means クラスタリングを

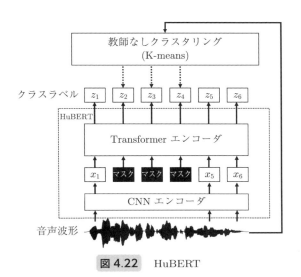

図 4.22　HuBERT

行い，各フレームにクラスのラベルを付与することで量子化を行う。その量子化結果に対して自己教師あり学習を行い，HuBERT モデルを学習する。その後学習された HuBERT の Transformer 中間出力を MFCC の代わりに用いて再度 K-means クラスタリングを行う。こうすることにより，MFCC よりも優れた量子化表現が得られるようになる。このように，K-means クラスタリングと HuBERT の学習を交互に行っている。

また wav2vec2.0 と異なるもう一つの点として，損失関数の違いが挙げられる。wav2vec2.0 ではマスクされた時間帯の量子化潜在特徴を正例，それ以外の時間帯の量子化潜在特徴を負例とした対照学習を行っているのに対して，HuBERT ではより直接的に，マスクされた時間帯の k-means により付与されたクラスラベルを推定するように自己教師あり学習を行っている。

HuBERT の論文[106] によると，wav2vec2.0 と比べて HuBERT の優位な点として，量子化モジュール学習のためのハイパーパラメータの調節が不要である点，対照学習を用いないため負例の用意が不要である点，そして量子化のための入力として HuBERT では Transformer の上位層の出力を量子化の入力として使える点を挙げている。

〔3〕 **WavLM** WavLM[108] は HuBERT よりもさらに後に提案された自己教師あり学習モデルである。wav2vec2.0 および HuBERT はおもに音声認識を目的として提案されたモデルであるため，例えば音源分離などの音声認識以外のタスクにおいては，大きな性能改善が得られない。この理由として，文献 108) では wav2vec2.0 や HuBERT は話者を識別する能力が不十分である点と，単一話者による発話データしか学習に用いられていない点を指摘している。そこで WavLM では，音声認識や音源分離，話者分類やダイアリゼーション（5.2 節参照）といったさまざまなタスクでも高い性能が得られるように，HuBERT をベースに改良を行っている。

WavLM の学習の概要を図 **4.23** に示す。まず HuBERT との大きな変更点として，WavLM では複数の発話を混ぜた音声を入力としている。WavLM では混合音声に対してさらにマスクを行い，目的発話に対するマスクされた時刻

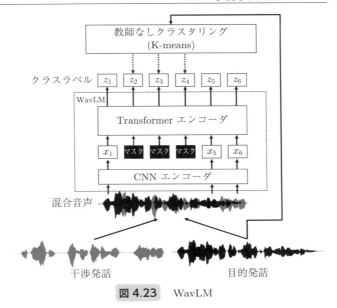

図 4.23 WavLM

のラベルを推定する．このようにすることで，WavLM は単なるラベルの推定に加えて，雑音除去も行うように学習が行われる．

また，Transformer エンコーダにおける Positional Encoding 方法として，wav2vec2.0 と HuBERT では Convolutional relative position embedding が使用されていたのに対して，WavLM では Gated relative position bias[109] という手法が使われている．この手法では，Transformer 内の self-attention 機構において，2 点の時刻間の attention 重みを計算する際に，時刻間の差に依存したバイアスを加えることで，時間情報を扱えるようにしている．クエリ Q，キー K の，時刻 i に相当するベクトルをそれぞれ q_i, k_i とする．Gated relative position bias において，2 点の時刻 i, j 間の self-attention 重み α_{ij} は以下のように計算される．

$$\alpha_{ij} \propto \exp\left[\frac{q_i \cdot k_j}{\sqrt{d_k}} + r_{i-j}\right] \tag{4.36}$$

ここで，「・」記号はベクトルの内積である．通常の Transformer における

182　4.　音声認識：発話内容を認識する

self-attention 重み計算との違いは，バイアス項 r_{i-j} の存在である。このバイアス項が Gated relative position bias である。バイアス項 r_{i-j} は GRU ネットワークと似たようなゲート付きの構造によって計算される。

$$g_i^{(\text{update})} = \sigma(q_i \cdot u) \tag{4.37}$$

$$g_i^{(\text{reset})} = \sigma(q_i \cdot w) \tag{4.38}$$

$$\tilde{r}_{i-j} = w g_i^{(\text{reset})} d_{i-j} \tag{4.39}$$

$$r_{i-j} = d_{i-j} + g_i^{(\text{update})} d_{i-j} + (1 - g_i^{(\text{update})} d_{i-j}) \tilde{r}_{i-j} \tag{4.40}$$

上記の式におけるベクトル u，w，およびスカラ w は学習可能なパラメータである。これらの学習可能パラメータは，Transformer のすべての self-attention 層において共通パラメータとしている。σ はシグモイド関数である。d_{i-j} は Bucket relative position embedding[110] と呼ばれるもので，2 点の時刻間の差 $i-j$ に応じて以下の式によって定義される。

$$d_{|i-j|} =
\begin{cases}
|i-j|, & |i-j| < \dfrac{n}{4} \\[2mm]
\left\lfloor \dfrac{n}{4} \left(\dfrac{\log(|i-j|) - \log\left(\frac{n}{4}\right)}{\log(m) - \log\left(\frac{n}{4}\right)} + 1 \right) \right\rfloor, & \dfrac{n}{4} \le |i-j| < m \\[2mm]
\dfrac{n}{2} - 1, & |i-j| \ge m
\end{cases} \tag{4.41}$$

$$d_{i-j} =
\begin{cases}
d_{|i-j|}, & i-j \le 0 \\[2mm]
d_{|i-j|} + \dfrac{n}{2}, & i-j > 0
\end{cases} \tag{4.42}$$

ここで，$\lfloor x \rfloor$ は床関数で x を超えない整数を意味する。m は考慮する時刻差の最大値を決めるハイパーパラメータであり，文献 107) では $m = 800$ としている。d_{i-j} は $i-j$ の値に応じて 0 から $n-1$ の整数値が割り当てられる。文献 107) では $n = 320$ としている。

　文献 107) では，wav2vec2.0 と HuBERT で使用されていた Convolutional

4.5 事前学習済みモデル 183

relative position embedding と比べて，Gated relative position bias はゲートが存在することで，例えば音声区間か無音区間かといった，時刻ごとの音の状態によって振る舞いを変えられることを利点として挙げている。

4.5.2 Whisper

Whisper[111] は，画像生成モデルの DALL-E2 や大規模言語モデル GPT3 およびそれを用いたチャットボットサービス ChatGPT などを開発している OpenAI がリリースした音声認識モデルである。前項で紹介した自己教師あり学習モデルはテキストラベルを使用せずに学習しているため，音声認識モデルとして利用するためにはラベル付きデータを用いてファインチューニングする必要があるのに対して，Whisper は Web から収集した約 68 万時間の弱ラベル付き多言語音声データで学習しており，さまざまな言語の音声認識をファインチューニングせずに行える点が特徴である。ここで弱ラベル付き音声データとは，（Web 上の字幕付き動画などから自動的に収集したため）テキストラベルに誤りを含む音声データのことを指す。字幕付き動画は，手動で字幕が付けられた動画と，音声認識により自動的に字幕が付けられたデータ，また翻訳字幕（つまり音声とテキストの言語が異なる）が付けられた動画などがあるため，ルールベースでこれらを分類し，データのクレンジングが行われている。

Whisper モデルの学習の概要を図 **4.24** に示す。Whisper は Transformer モデルを用いており，多言語（学習データは 97 言語の音声が含まれている）の音声とテキストのペアデータ，および多言語音声と英語翻訳テキストのペアデータ，無音声データを学習データとして用いることで，音声検出，音声言語識別，多言語音声認識，多言語から英語への音声翻訳といった，音声認識システムに関連する複数のタスクを一つのモデルで学習させている。

複数タスクを一つのモデルで実現するため，Whisper のデコーダでは図 **4.25** で示される，独自の入出力フォーマットを使用している。まず，直前の認識結果テキスト（previous text tokens）を入力可能にすることで，長い文脈を考慮した処理が可能である。また最初の音声を認識する際は，直前の認

184   4. 音声認識：発話内容を認識する

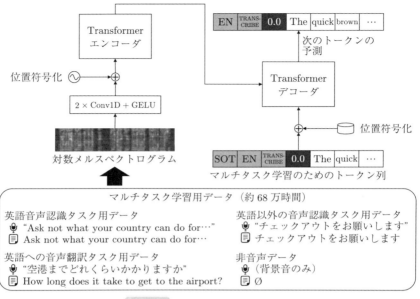

図 4.24　Whisper の学習の概要

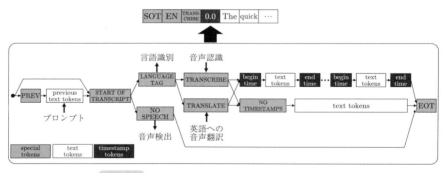

図 4.25　Whisper デコーダの入出力フォーマット

識結果の代わりに，例えば認識しにくい専門用語を含む文などを入力する（プロンプトと呼ばれる）ことで，そのドメインに対する認識がされやすくなる。さらに，言語 ID（language tag）や無音タグ（No speech）を出力させることで，言語識別および音声検出を可能とし，さらに，ユーザが音声認識（tran-

4.6 本章のまとめ 185

scribe）か音声翻訳（translate）かをタグとして与えることで，音声認識と音声翻訳の両方を可能としている。また認識（あるいは翻訳）結果は時間情報付きと時間情報なしのどちらかで出力させることも可能である。

Whisper が使用している学習データは誤りを含む弱ラベルデータであるにもかかわらず，大量の学習データを使用していることから，ファインチューニングをせずとも，既存の state-of-the-art のモデルと同等以上の音声認識性能が得られることが報告されている。また，Web で収集した音声データであるため，雑音などの収録環境に頑健であることも報告されている。

4.6 本章のまとめ

本章では深層学習を用いた音声認識手法に焦点を当て，代表的な手法について解説した。深層学習技術が発展する以前は，音声認識の難しい点の一つである入力系列と出力系列とのアライメントの問題については HMM を用いたモデル化が利用され，未知語の問題に対しては音素単位で定義された音響モデルと発音辞書により対応が行われていたが，深層学習技術が発展して以降は End-to-End 方式により，システムの単純化およびさらなる性能の向上が見込まれ，活発な研究がされている。

本章において，システム全体としては音響モデル・発音辞書・言語モデルのモジュール分割方式から End-to-End 方式へ，音声のモデル化としては GMM から DNN，RNN から Transformer へそれぞれ発展したことを説明した。では発展元となったそれぞれの従来技術は今後一切使われることがないかといわれると，一概にそうとは言い切れないと筆者は考える。例えばモジュール分割方式は，細かいチューニングを行う上で有用であり，特に固有名詞や専門用語など，コーパスが得にくい単語を認識する場合でも発音辞書と言語モデルのチューニングで対応できる点で End-to-end 方式と差別化がされている。GMM-HMM は音声認識性能においては DNN-HMM に完全に上回られているものの，音素と音声のアライメントを簡単に得る方法としてまだよく用い

186   4. 音声認識：発話内容を認識する

られている。RNN も学習データが極端に少ないなど，環境によっては Transformer よりも良い性能を示す場合がある。

　音声認識は音声系列からテキスト系列へ変換する系列間変換のタスクであるため，同様に系列間変換タスクを扱う自然言語処理の分野と親和性が高い。Transformer を始めとするエンコーダデコーダモデルは元々は自然言語処理分野で提案されたものであるし，自己教師あり学習におけるマスク処理は，自然言語処理分野における BERT でも使用される処理である。また，Whisper において，さまざまなタスクを解かせるためのタスク指定トークンなども，自然言語処理分野でもしばしば使用されるテクニックである。とはいえ，自然言語処理分野の手法をそのまま音声認識に持ってきても想定どおりに動かないことは多く，例えば本章では，音声認識は自然言語処理タスクと比べて入力系列長が長いため CNN によるダウンサンプリングを行ったり，Attention の学習が不安定なため CTC 損失関数を補助関数に使ったりといったテクニックを紹介した。これらのテクニックをよりよく理解し，さらに良い技術を開発するためには，近年の深層学習の理解だけでは不十分で，やはり本書で解説したような音声処理特有の知識が必要であろう。

第 **5** 章

音源分離と音声認識にまたがる技術

　本章では，音源分離および音声認識に共通する応用テクニックをはじめ，音声認識と音響セグメンテーション手法や音源分離を組み合わせた手法について紹介する。本章で紹介するテクニックは，音源分離および音声認識それぞれ単体の性能向上や，これらを組み合わせたアプリケーションの利便性を高めることに役立つものである。

　5.1 節では学習データのバリエーションを広げるためのデータ拡張手法について，5.2 節では音源分離・音声認識の応用として，複数人の発話音声に対して各時刻の発話者を特定するダイアリゼーションタスクについて，5.3 節では音声認識と音源分離の統合技術についてそれぞれ紹介する。より高度な応用研究を進める上で，役に立てば幸いである。

5.1 データ拡張

　同じ発話内容であっても音声の特徴は話者によって異なり，さらに同一話者であっても発話スタイルや収録環境によってさまざまに変わる。したがって，音源分離ならびに音声認識にとっては，このような多種多様な音声特徴をいかにして学習させるのかが重要となってくる。しかし現実的には，一部の環境や話者の学習音声データしか用意できないケースも多い。このような，限られた音声データから学習できる特徴のバリエーションを広げる方法として，**データ拡張**（data augmentation）がある。データ拡張とは，元々の学習データに対してなんらかの変形処理を加え，変形後のデータを学習データに追加することで学習データのバリエーションを広げる方法の総称である。例えば画像処理分

野においては，元の画像データに対して拡大縮小や回転，反転，コントラスト調整などによるデータ拡張がしばしば利用される。ここでは，音声処理分野でよく利用されるデータ拡張手法をいくつか紹介する。

5.1.1 波 形 の 伸 縮

シンプルな音声データ拡張方法としてよく利用されるのが，音声波形を伸縮させるという手法である[112]。時間方向に伸縮させるデータ拡張は **Speed perturbation** と呼ばれる。時間方向に波形を縮めた音声は，元の音声に対して話速が速く，かつ音高が高くなったな音声が生成され，逆に引き伸ばした音声は，話速が遅く，かつ音高が低くなった音声が生成される。具体的には，元の音声に対して約 0.9 倍に縮めたパターンと約 1.1 倍に伸ばしたパターンを生成することで，データ量を 3 倍にすることがよくされている。

振幅方向に伸縮させるデータ拡張は **Volume perturbation** と呼ばれる。これは，音声波形の振幅値に係数を掛けることで，音の大きさを変えるというシンプルな方法である。音声認識モデル構築ツールの Kaldi では，Speed perturbation によって 3 倍に増やした学習データに対して，1 サンプルごとに 0.25～2.0 の間のランダムな倍率で音の大きさを変えることで，音量のバリエーションを持たせている。以上の処理は，話速，音高，音量というおもに発話スタイルに対するバリエーションを広げる方法であるといえる。

Speed perturbation および Volume perturbation は音声編集ツール SoX（Sound eXchange）を用いることで簡単に実施することができる。SoX は linux, windows, macOS で動作する，音声ファイルのフォーマット変換や波形処理などの処理を行えるツールである。例えば "sample.wav" という wav ファイルに対して，コマンドライン上で以下のように入力すると，再生速度を 0.9 倍，振幅を 1.5 倍に変形した音声ファイル "sample-0.9.wav" と，再生速度を 1.1 倍，振幅を 0.5 倍に変形した音声ファイル "sample-1.1.wav" が生成される。

5.1 データ拡張

```
$ sox -t wav sample.wav -t wav sample-0.9.wav speed 0.9 vol 1.5
$ sox -t wav sample.wav -t wav sample-1.1.wav speed 1.1 vol 0.5
```

元の音声と sox コマンドによって生成された音声のプロットを図 5.1 に示す。コマンド前半の "sox -t wav sample.wav -t wav sample-x.x.wav" は，wav 形式の sample.wav を読み込んで，変換結果を wav 形式で sample-x.x.wav に書き込むという意味である。"speed x" は，再生速度を x 倍に変更するという意味で，波形の長さとしては $1/x$ 倍に伸縮されることとなる（"speed 1.1" の場合，波形は $1/0.9 = 1.11$ 倍に引き伸ばされることになる）。"vol y" は，振幅を y 倍に変更するという意味である。SoX を用いた波形伸縮によるデータ拡張は Kaldi や ESPNet のレシピにも使用されている。

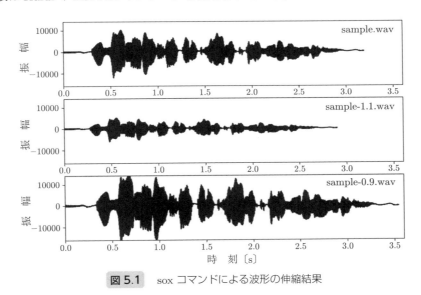

図 5.1 sox コマンドによる波形の伸縮結果

5.1.2 雑音重畳とインパルス応答の畳み込み

5.1.1 項で紹介した手法はおもに発話スタイルに対するデータ拡張であるが，収録環境に対するデータ拡張手法としては，雑音重畳やインパルス応答の畳

み込みを行うことで，その環境で収録された音声をシミュレートする方法がある。第2章や第3章で紹介したpyroomacousticsライブラリなどを用いることでさまざまな部屋環境のインパルス応答を作成し，それらを元々の学習データに畳み込むことによって，その部屋環境で収録した残響音声をシミュレートすることが可能である。さらに，さまざまな環境で収録した雑音を，さまざまなSN比で重畳することによって，雑音重畳音声のシミュレートも可能である。

5.1.3 SpecAugment

SpecAugment[113)] は D. S. Park らによって提案されたデータ拡張手法で，単純な処理ながら効果の高い手法として知られている。SpecAugmentでは，対数メルスペクトログラムに対して時間ワーピング，時間マスキング，周波数マスキングの3種類の処理を行う。ある音声の対数メルスペクトログラムに対して，各処理を行った結果を図5.2に示す。

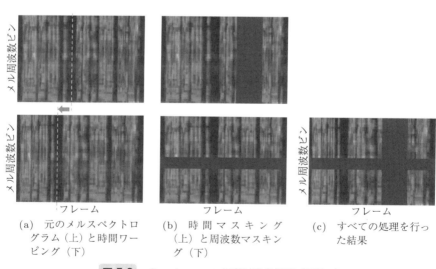

図5.2　SpecAugmentにおける各処理（口絵4）

〔1〕 **時間ワーピング**　時間ワーピングは時間方向の伸縮処理の一種である。ただし，Speed perturbationの時間伸縮では波形全体を一定の割合で

伸縮させていたのに対して，SpecAugment の時間ワーピングでは図 (a)（下）のように対数メルスペクトログラムを二つの時間帯に分割し，一方を縮め，もう一方を引き伸ばすといった処理を行う。一方の時間帯が縮まった分だけもう一方の時間帯が引き伸ばされるため，全体のフレーム数は変わらない。言い方を変えると，時間帯を分割する時刻（図 (a)（上下とも）中の破線）が左あるいは右に移動（ワープ）するような伸縮処理を行うことになる。

具体的な処理について説明する。入力された対数メルスペクトログラムの総フレーム数を τ とする。まず，分割する時刻 t を決める。このとき，先頭と末尾の W フレームを除いた時間帯 $(W, \tau - W)$ から分割時刻をランダムに選択する。つぎに分割時刻 t の移動距離 w を決める。移動距離は $-W$ から W の範囲からランダムに選択される。分割された対数メルスペクトログラムの左側は総フレーム数が t から $t + w$ に，右側は総フレーム数が $\tau - t$ から $\tau - t - w$ になるように，それぞれ伸縮処理を行う。

〔2〕 **時間マスキング**　　図 (b)（上）のように，ある時間帯の対数メルスペクトル情報をマスクすることで，その時間帯の音が聞こえなかったような信号に変換する。具体的に，総フレーム数が τ の対数メルスペクトログラムに対して，まずマスクを行う時間幅，すなわちフレーム数 t を 0 から T の範囲からランダムに選択する。T はマスクを行う最大時間幅を決めるパラメータである。つぎに，マスク処理を開始する時刻 t_0 を $[0, \tau - t)$ の範囲からランダムに選択する。そして，選択した範囲 $[t_0, t_0 + t)$ の対数メルスペクトル値を 0 に置き換える。ここで，対数メルスペクトログラムは周波数ビンごとに平均値が 0 になるように正規化されていることが前提となっているため，値を 0 に置き換える処理は，学習データの平均値に置き換える処理に等しい。

〔3〕 **周波数マスキング**　　時間マスキングに対して周波数マスキングでは，図 (b)（下）のように，ある周波数帯域の対数メルスペクトル情報のマスク処理を行う。マスク処理の方向が時間軸から周波数軸に変わっただけで，処理の流れは時間マスキングと同じである。周波数ビン数が ν の対数メルスペクトログラムに対して，まずマスクを行う周波数幅，すなわちビン数 f を

0 から F の範囲からランダムに選択する。F はマスクを行う最大周波数幅を決めるパラメータである。つぎに，マスク処理を開始する周波数ビン f_0 を $[0, \nu - f)$ の範囲からランダムに選択する。そして，選択した範囲 $[f_0, f_0 + f)$ の対数メルスペクトル値を 0 に置き換える。

以上で述べた 3 種類の処理を，図 (c) のように組み合わせることでデータ拡張が行われる。一つの対数メルスペクトログラムに対して，時間マスキングおよび周波数マスキングをそれぞれ複数箇所に実施することも可能であり，元論文[112]ではそれぞれ 1〜2 箇所に実施している。

5.2 ダイアリゼーション

話者ダイアリゼーション（speaker diarization）とは，会議や放送音声といった録音データにおいて，「だれがいつ話しているか」を推定する問題である[114]。図 5.3 にダイアリゼーションのイメージを示す。録音データには複数話者の発話が記録されていることを前提としている。このようなデータを入力として，各話者がどの区間発話しているのかを識別するのが目的である。ただし，同じ話者が発話している区間は同じ話者のものだと判定する必要があるが，具体的に「XXX さん」のように名前などと紐付けて特定することは要求

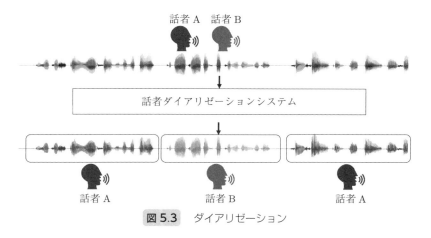

図 5.3 ダイアリゼーション

されない。

ダイアリゼーションは，より上位のアプリケーションを実装する上でも重要である。例えば，会議音声の書き起こしを作成したい場合，生の録音データをそのまま音声認識させるといくつか問題が生じ得る。まず，録音時間が長いため音声認識プログラムが音声データを受けつけないかもしれない。また，異なる話者の発話のつながりが一つの発話として認識されると，認識結果の視認性が下がり，人が読んで理解することが難しくなる。これらの問題が解決されれば，会話音声のロギング，動画等のインデキシングや，会話におけるターンテイキングの自動分析などへも応用できるであろう。

ダイアリゼーションを行う手続きとしては，まず音響データを分割し，それら音声セグメントを話者の同一性に基づいてクラスタリングする。これにより，音声・非音声の遷移や，話者のターンテイキングといったイベントが自動的に検出される。このような処理を実現するため，従来では処理を適当な単位で分割し，要素技術（モジュール）を連結して実装していた（モジュールベースの構成）。一方，近年ではディープニューラルネットワークによる end-to-end 処理により，全体をディープニューラルネットワークで表現し，全体を最適化するアプローチも取られている（End-to-End 構成）。これらの関係を図 **5.4** に示す。

本節では，文献 113) に従い，ダイアリゼーションやその代表的な技術の役割についての概要を紹介する。入力は基本的にモノラル信号を想定しているが，発展的に音源分離技術を併用する場合はマルチチャネル信号を前提とすることもある。また，別の音声コーパスで学習済みのニューラルネットワーク（音声認識，話者識別など）を援用する場合もあるので，各技術の設定には注意しておくべきであろう。なお，ダイアリゼーションに関連するソフトウェアには pyannote-audio[†]などがある。まず取っ掛かりとして試してみるのもよいであろう。

[†]　https://github.com/pyannote/pyannote-audio

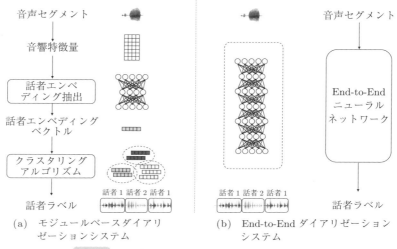

図 5.4 モジュールベース構成と End-to-End 構成

5.2.1 モジュールベース構成

　典型的な話者ダイアリゼーションシステムは，複数の独立した要素技術（モジュール）で構成されている（図 5.4(a)）。モジュールベースのアプローチにおける主要な焦点は，話者エンベディングの抽出方法とそのクラスタリングアルゴリズムである。技術の詳細は後述するが，これら二つのモジュールの高精度化が，ダイアリゼーションの可否に直結する。ここでは，一般的な処理の概要を最初にさらい，焦点となるモジュールやその変遷について説明していく。

　モジュールベース構成では各処理が直列に接続されているため，処理の流れを追うことは容易である。まず，必要に応じて，音声強調や残響抑圧，音源分離，目的話者抽出などのフロントエンド処理技術が入力信号に適用される。つぎに非音声と音声のセグメントを分けるため，音声区間の検出が行われる。後段のクラスタリングに用いる音響特徴量やエンベディングベクトルが，検出された音声区間の信号から抽出される。エンベディングベクトルには，いわゆる「話者性」を表現した多次元ベクトルである，話者エンベディングが利用され

る[†1]。クラスタリングでは，それらをグループ化し，話者クラスのラベルを付与し，さらに精度を高めるための後処理の段階へ進む。一般的にこれらの手法は個別に最適化されるため，モジュールの差し替えなどが用意に行えるという利点がある。

話者エンベディング（speaker embedding）は話者識別タスクで発展し，音声認識のように統計モデルベースからニューラルネットワークベースへと変遷してきた。話者識別とは，未知の入力音声を，あらかじめ登録している各話者の音声と比較して，どの話者から発声されたのかを判定するタスクである。通常，各音声信号を話者の特徴を保持した固定長のベクトル（話者エンベディング）に変換し，それらを用いて音声間・話者間の類似度などを計算する。統計モデルベースでは，膨大な話者の特徴量分布を GMM でモデル化した GMM-UBM（universal background model，**UBM**）[115] が利用されている。Joint Factor Analysis（**JFA**）[116] や **i-vector**[117] は，GMM-UBM を用いて計算された GMM supervector と呼ばれる特徴ベクトルから話者性に関する成分を抽出するために提案されたモデルや特徴ベクトルである[†2]。その後，話者識別タスクで学習されたニューラルネットワークの中間表現をエンベディングとして用いる **d-vector**[118] や **x-vector**[119] が登場した。x-vector は フレームレベルの特徴量系列を処理する部分と，その系列から統計情報を抽出し，セグメントレベルで処理する部分で構成されている。フレームレベルのネットワークでは time-delay neural network（**TDNN**）と呼ばれる 1 次元の CNN で構成されており，ダウンサンプリングのように系列データのサイズを徐々に小さくしていく役割を持つ。統計情報は長さが縮小した系列データの平均や分散情報を計算する。セグメントレベルのネットワークでは二つの全結合層が使われており，それぞれの次元数が 300 と 512 のようにボトルネック構造を持っている。この二つの中間出力ベクトルが話者エンベディングとして

[†1] 通常，別の音声コーパスを用いて，エンベディングを抽出するネットワークが事前学習される。

[†2] 音響データには，マイク特性（チャネル）の成分や同一話者内で変動する成分なども通常含まれるので，それを除外したいという狙いである。

用いられる。なお，最終層は（学習データに含まれる）話者を識別するためにソフトマックス関数が設定される。

クラスタリングアルゴリズムとしては，**凝縮型階層的クラスタリング**（agglomerative hierarchical clustering）や**スペクトラルクラスタリング**（specral clustering）などが利用されていた（図 5.5）。

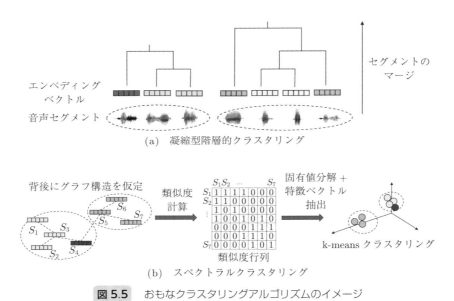

図 5.5 おもなクラスタリングアルゴリズムのイメージ

階層的クラスタリングでは，ある二つのセグメントに着目したときに，それが同じ話者なのか違うのかを判定する必要がある（図 (a)）。同じ話者にセグメントをマージするということを繰り返すと，トーナメント表のように階層的にクラスタリングされていく。話者の同一性判定基準には Bayesian information criterion（**BIC**），Kullback-Leibler divergence（**KL**）や probabilistic linear discriminant analysis（**PLDA**）といった尺度が用いられてきた。それらの尺度の値に対して閾値判定し，クラスタリングの継続を決定する。スペクトラルクラスタリングはグラフ構造に着目したクラスタリング手法であり，グラフ上の頂点間でつながりの弱い部分でカットし，密につながってい

るクラスタを抽出する（図 (b)）。各音声セグメントを頂点とみなし，セグメント間の類似度を頂点間の連結強度を表す数値だと解釈すると，スペクトラルクラスタリングが適用できる。類似度は特徴ベクトル間のコサイン距離が使われ，その値に指数カーネル関数を適用することで，全要素間の類似度行列（affinity matrix）が計算される。その後，ラプラシアン行列の計算，固有値分解などを経て，話者数のカウントや固有ベクトル[†]に基づいた k-means クラスタリングが行われる。

5.2.2 End-to-End 構成

ディープニューラルネットワークに基づく **End-to-End 構成**（End-to-End neural diarization; **EEND**）[120)] では，ダイアリゼーション手続きを一つのネットワークで達成する（図 5.6）。

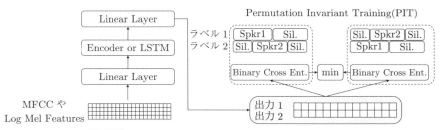

図 5.6 Fujita ら[120)] による End-to-end 構成の一例

ネットワークの入力は対数メルフィルタバンクなどの音声特徴量系列であり，内部では音声分離などの手続きを意識せず，各フレームごとに複数の話者ラベルを直接的に出力する。ここで，扱える話者数の最大値は事前に設定しておく必要がある。出力の話者ラベルは独立に予測されるので，発話のオーバーラップが存在していても対応できる。ネットワークの学習の際は，音源分離DNN の学習時と同様に出力順序を決定できない問題が生じる。違いは，話者ラベルであるか，分離信号であるかだけである。そのため，ダイアリゼーションの文脈でも Permutation Invariant Training（PIT）を適用し，出力順序の

[†] 各セグメントに対応する（グラフの観点からの）特徴ベクトルだと解釈するとよい。

問題を回避している。

EEND ではモジュール構成に対していくつかの利点がある。発話のオーバーラップが扱え，またダイアリゼーション精度を直接的に最大化するようネットワークを学習できる。そのほか，参照ラベルがあれば実データを用いた fine-tuning も比較的容易である。一方，扱える最大話者数が固定される，ネットワークの構造上オンライン処理に向かない，学習データに過学習する傾向があるといった欠点もあった。それらを克服するための手法がいくつか研究されており，さらに発展することが期待される。

5.2.3 音源分離とダイアリゼーションの統合

モジュールベース構成でフロントエンド処理として挙げた音源分離とダイアリゼーションを同時に行う取り組みも行われている。ここではマルチチャネル信号に対する音源分離を用いた，確率モデルベースの手法とディープニューラルネットワークベースの手法を取り上げる。なお，ダイアリゼーションでは，混合した複数話者の音声信号をそれぞれに分離することが多いので，音源として人の音声信号が想定される。

確率的生成モデルベースでは，各音源のアクティビティ変化を HMM でモデル化し，時変ガウス分布と NMF に基づく音源モデルに基づいた音源分離と統合している[121]。前者は音声認識（GMM-HMM, DNN-HMM），後者は音源分離（ILRMA）などで登場したモデルである。観測したデータからパラメータを EM アルゴリズムを用いてブラインド推定している。そのため，事前学習が必要でないメリットはあるものの，強力な事前学習モデルは利用していない。

ディープニューラルネットワークで両者を同時に行う手法も提案されている[122],[123]。音源分離・話者数カウントとダイアリゼーションを一つの recurrent selective attention network（online RSAN）というネットワークで実現する。このネットワークには，音声特徴量に加え，残差成分を表すマスクや話者エンベディングベクトルを入力する。ネットワークの出力として，ある話者

成分を表すマスクと更新された話者エンベディングベクトルである。音源分離を担当するマスクは，あるブロックに着目したときに，音源数の意味で再帰的に推定される。一方，話者エンベディングベクトルは時間方向に異なるブロックを処理するたびに更新されるベクトルである。この方式には3章で登場した再帰構造に基づく音源分離の仕組みが導入されている。マルチチャネル入力特徴量には振幅スペクトログラムに加え，2章で登場したIPDも利用している。

なお，もし各話者が録音データ内で動かないのであれば，3章で取り上げた音源方向推定をダイアリゼーションに応用できる。マイクから見た方向と各話者を対応付けられるため，音源定位による音源検出と方向推定で区間検出とクラスタリングが可能となる。前提を満たしている場合は素朴な方法も試してみるとよいだろう。

5.2.4 音声認識とダイアリゼーションの統合

従来の観点では，ダイアリゼーションは音声認識の前処理であるとも考えられていた。入力音声データはモジュールベースの構成に従って処理され，特に音声認識誤りなどは途中で考慮されていない。特に，音声セグメントの境界を本当にギリギリに定めてしまうと，音声認識のデコーディングにおいて本来よりも短い単語として認識されたり，削除誤りが生じてしまう。

ここでは，音声認識を前提としたダイアリゼーションに着目する。音声認識精度を下げないようにダイアリゼーション手法を改良するだけでなく，音声認識した情報をダイアリゼーション性能向上に活用することも考えられるだろう。ここではend-to-endによるダイアリゼーションと音声認識の同時実現に関する取り組みを簡単に紹介しておく。

最初のアプローチは，end-to-end音声認識の結果に話者タグを導入することで，ダイアリゼーションと音声認識を行ったものである（**図5.7**）。Shafeyらは，医者や患者といった，話者の役割を表すラベルを挿入しており，RNN-Tに基づく音声認識を用いた実装を行っている[124]。Maoらは，役割ではな

5. 音源分離と音声認識にまたがる技術

(spk1, spk2 は話者を表すタグ，word1, word2 などは認識された単語を表す)

図 5.7 音声認識とダイアリゼーションの同時実現

く話者を区別できるようなタグを挿入することを提案し，Attention ベースのエンコーダ・デコーダモデルを用いて実装した[125]。一方で，話者の役割や話者区別に基づくタグは，学習の際に決定しておいて固定する必要がある。したがって，任意の話者を扱うことが難しいという問題もある。

話者数と話者区別の問題をうまく扱うために，話者エンベンディングを導入するアプローチが提案されていく。Kanda らは，データに含まれる話者のプロファイル情報（エンベディング）を活用し，話者数のカウント，複数話者音声認識，ダイアリゼーションを同時に行う方式を提案した[126]。この方式では話者数の上限に関する限界はない。基本的には，音声認識用と話者用のネットワークから構成されており，二つのネットワークでうまく内部情報を交換できるよう設計されている。話者用のネットワークでは attention 機構に基づき，音声プロファイルに含まれるどの話者なのかを予測する。音声認識用のネットワークでは，**直列化出力**（serialized output training; **SOT**）に基づく複数話者の音声認識[127]が行われる。SOT では，通常の書き起こしデータに対して，発話者が変化した直後に<sc>というタグを挿入し，末端に<eos>タグを挿入する。このデータに基づきネットワークを学習することで，モノラル信号からでも複数話者を含む音声データを認識することが可能となる。なお，プロファイル情報が得られない場合は，ダミープロファイルとモデル内部の話者エンベディングを利用した方法も提案されている。

5.3 音声認識と音源分離の統合

5.3.1 モデルミスマッチ問題

　雑音環境下の音声を認識するため，まず音源分離によって雑音を除去し，その後に音声認識に入力するのは自然な考え方である。しかし，音声強調や音源分離は一般的に完ぺきではなく，分離信号には雑音の残りや歪みなどを含んでいる。また，音声認識のモデルも，クリーン音声を用いて学習されたものだけではなく，残響や雑音を加えてマルチコンディション学習した雑音に頑健なものもあるであろう。このような要因が両者にあることもあり，両者を直接接続しただけでは雑音を含む音声データに対する音声認識率が改善しないこともある。例えば，音声強調では通常クリーン音声を再現するようなコスト関数でモデルを学習するが，雑音に頑健な音声認識モデルではクリーン音声まで復元しなくても，違う言い方をすると，雑音の消し残りが多少存在していても，高い認識性能が出る。しかし，もし，音声として不自然な波形・スペクトルパターン（歪み，アーティファクト成分）が音声強調で生じていると，そのような歪みを学習していない音声認識モデルにはマッチせず，逆に認識性能が低下することもある。多くの音源分離が（正解の値がクリーン音声一つだとする）回帰問題として定式化されている点も，性質のズレを生んでいる一つの要因だとも考えられる。

　このようなモデルのミスマッチ問題を解消する最もシンプルな方法として，音源分離の出力音声を用いて音声認識モデルを学習するという手段がある。最も単純には，音源分離した音声データを用いて，事前学習された音声認識用モデルを fine-tuning することであろう。2章で取り上げたように，実環境に近いデータをシミュレーションである程度の量を生成して用いるのも一つの手である。

5.3.2 全体最適化によるアプローチ

前述した手法では，音源分離による歪みや消し残りに対してある程度ロバストに音声認識モデルを学習することができるが，音源分離モジュール自体は以降の処理を考慮せずに個別最適化された状態であることには変わりない。例えば通話アプリのような，人が聞くことを目的として音源分離を行うのであれば，SDR 基準のような一般的な音源分離モデル学習用の損失関数を用いればよいが，最終目的が音声認識である場合は，音声認識向けの損失関数を用いて音源分離モジュールも学習したほうが，より目的に沿った最適化が行われると期待される。ConvTasNet のようなニューラルネットワークのみで構成される音源分離モジュールはもちろん，ニューラルネットワークとフィルタリングを組み合わせたような手法も，多くの場合は微分可能な処理システムとなっている。さらに，フーリエ変換や逆フーリエ変換，対数メルフィルタバンク計算といった，音源分離と音声認識の間に入り得る処理も微分可能である。そのため，図 5.8 のように各モジュールを結合したモデルに対して，音声認識モジュールから逆伝播された勾配をさらに音源分離モジュールへ逆伝播することで全体を最適化することが可能である。このような枠組みは ESPNet にも実装されており，文献 127) に詳細が記載されている。

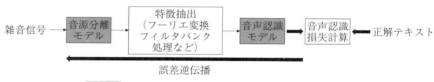

図 5.8 音源分離モデルと音声認識モデルの全体最適化

文献 128) では Mask-based neural beamformer[130],[131] による音源分離モジュールと Attention エンコーダ・デコーダによる音声認識モジュールを連結したモデル構造を定義しながら，各モジュールの事前学習は行わずに全体を音声認識の損失関数のみによって最適化する手法を提案している。音源分離モジュールでは，まず入力スペクトログラム上の時刻・周波数ビンそれぞれについて，音声あるいは雑音に振り分けるマスクをニューラルネットワークによっ

5.3 音声認識と音源分離の統合 203

て推定する。そしてマスクによって入力スペクトログラムを粗く音声と雑音に
分離する。粗く分離されたスペクトログラムから，それぞれのステアリングベ
クトルと分散共分散行列を計算し，それらを用いて MVDR の枠組みによって
音源分離を実行する。音源分離によって得られた音声信号は BLSTM ベース
の Attention エンコーダ・デコーダモデルに入力され，音声認識が行われる。
この枠組みにおいて，音声認識モジュールのほかに音源分離モジュール内の
マスク推定ネットワークなども学習すべきモデルとなるが，この手法において
は，音声認識損失である CTC-attention 損失のみを用いて全体を最適化して
いる。実験では，音源分離と音声認識を個別に設計して結合するアプローチ
よりも高い音声認識性能を示している。特に興味深いのは，音源分離モジュール
の出力信号のスペクトログラムが，音声強調したスペクトログラムと類似して
いる点である。これは，音源分離モジュールは音声認識損失でしか学習されて
いないにもかかわらず，音源分離を行うように学習されていることを意味して
いる。

　文献 132) では，Mask-base neural beamformer の枠組みで音源分離を行っ
た後，逆フーリエ変換によって波形に戻し，さらに自己教師あり学習モデルで
ある WavLM を通した上で音声認識モジュールへ入力している。この手法で
は WavLM は事前学習モデルを利用してパラメータ更新はせず，音源分離モ
ジュールと音声認識モジュールはそれぞれ個別に学習したのちに両者を結合し
て音声認識損失の下で fine-tuning を行っている。

　雑音環境下における音声認識性能を競うコンペティションとして，CHiME
（Computational Hearing in Multisource Environments）challenge[†]が行われ
ており，このコンペティションでは音源分離と音声認識を組み合わせた手法が
活発に提案されている。また，ESPNet にも過去の CHiME challenge のデー
タセットに対するレシピが公開されている。

[†]　https://www.chimechallenge.org/

引用・参考文献

〔1 章〕

1) B.D. Van Veen and K.M. Buckley："Beamforming: a versatile approach to spatial filtering", *IEEE ASSP Magazine*, Vol.**5**, No.2, pp.4-24 (1988)

2) J. F. Cardoso："Source separation using higher order moments", In *Proceedings of IEEE International Conference on Acoustics, Speech, and Signal Processing* (ICASSP) (1989)

〔2 章〕

3) 飯田一博：頭部伝達関数の基礎と 3 次元音響システムへの応用，コロナ社 (2017)

4) T. Nakatani, T. Yoshioka, K. Kinoshita, M. Miyoshi, and B.-H. Juang："Speech dereverberation based on variance-normalized delayed linear prediction", *IEEE Transactions on Audio, Speech, and Language Processing*, Vol.**18**, No.7, pp.1717-1731 (2010)

5) N. Roman, D. Wang, and G.J. Brown："Speech segregation based on sound localization", *The Journal of the Acoustical Society of America*, Vol.**114**, No.4, pp.2236-2252 (2003)

6) M.I. Mandel, R.J. Weiss, and D.P.W. Ellis："Model-based expectation-maximization source separation and localization", *IEEE Transactions on Audio, Speech, and Language Processing*, Vol.**18**, No.2, pp.382-394 (2010)

7) Y. Yu, W. Wang, and P. Han："Localization based stereo speech source separation using probabilistic time-frequency masking and deep neural networks", *EURASIP J. Audio Speech Music Process.*, Vol.**2016**, No.1 (2016)

8) S. Araki, T. Hayashi, M. Delcroix, M. Fujimoto, K. Takeda, and T. Nakatani："Exploring multi-channel features for denoising-autoencoder-based speech enhancement", In *Proceedings of IEEE International Conference on Acoustics, Speech and Signal Processing* (ICASSP), pp.116-120 (2015)

9) S. Davis and P. Mermelstein："Comparison of parametric representations for monosyllabic word recognition in continuously spoken sentences", *IEEE Transactions on Acoustics, Speech, and Signal Processing*, Vol.**28**, No.4, pp.357–366 (1980)

10) K. Fukushima："Neocognitron: A self-organizing neural network model for a mechanism of pattern recognition unaffected by shift in position", *Biological Cybernetics*, Vol.**36**, pp.193–202 (1980)

11) Y. LeCun, B. Boser, J.S. Denker, D.Henderson, R.E. Howard, W. Hubbard, and L.D. Jackel："Backpropagation applied to handwritten zip code recognition", *Neural Computation*, Vol.**1**, No.4, pp.541–551 (1989)

12) S. Hochreiter and J. Schmidhuber："Long short-term memory", *Neural Computation*, Vol.**9**, No.8, pp.1735–1780 (1997)

13) K. Cho, B. van Merriënboer, D. Bahdanau, and Y. Bengio："On the properties of neural machine translation: Encoder-decoder approaches", In *Proceedings of Workshop on Syntax, Semantics and Structure in Statistical Translation*, pp.103–111, Association for Computational Linguistics (2014)

14) K. He, X. Zhang, S. Ren, and J. Sun："Deep residual learning for image recognition", In *Proceedings of IEEE Conference on Computer Vision and Pattern Recognition* (CVPR), pp.770–778 (2016)

15) S. Ioffe and C. Szegedy："Batch normalization: Accelerating deep network training by reducing internal covariate shift", In *Proceedings of International Conference on Machine Learning* (ICLR), ICML'15, pp.448–456. JMLR.org (2015)

16) A. Vaswani, N. Shazeer, N. Parmar, J. Uszkoreit, L. Jones, A.N. Gomez, L. ukasz Kaiser, and I. Polosukhin："Attention is all you need", In I. Guyon, U. Von Luxburg, S. Bengio, H. Wallach, R. Fergus, S. Vishwanathan, and R. Garnett (ed.): *Proceedings of Advances in Neural Information Processing Systems* (NeurIPS), Vol.**30**, Curran Associates, Inc. (2017)

17) P.M. Williams："Using neural networks to model conditional multivariate densities", *Neural Computation*, Vol.**8**, No.4, pp.843–854 (1996)

18) D.P. Kingma and M. Welling："Auto-encoding variational bayes", In *Proceedings of International Conference on Learning Representations* (ICLR) (2014)

19) C. Szegedy, V. Vanhoucke, S. Ioffe, J. Shlens, and Z. Wojna ： "Rethinking the inception architecture for computer vision", In *Proceedings of IEEE Conference on Computer Vision and Pattern Recognition* (CVPR), pp.2818–2826 (2016)

20) D.E. Rumelhart, G.E. Hinton, and R.J. Williams ： "Learning representations by back-propagating errors", *nature*, Vol.**323**, No.6088, pp.533–536 (1986)

21) S. Amari ： "Backpropagation and stochastic gradient descent method", *Neurocomputing*, Vol.**5**, No.4, pp.185–196 (1993)

22) J. Duchi, E. Hazan, and Y. Singer ： "Adaptive subgradient methods for online learning and stochastic optimization", *Journal of Machine Learning Research*, Vol.**12**, pp.2121–2159 (2011)

23) D.P. Kingma and J.Ba. Adam ： "A method for stochastic optimization", In *Proceedings of International Conference on Learning Representations* (ICLR) (2015)

24) R. Pascanu, T. Mikolov, and Y. Bengio ： "On the difficulty of training recurrent neural networks", In *Proceedings of International Conference on Machine Learning* (ICML), pp.III-1310–III-1318 (2013)

25) N. Houlsby, A. Giurgiu, S. Jastrzebski, B. Morrone, Q. De Laroussilhe, A. Gesmundo, M. Attariyan, and S. Gelly ： "Parameter-efficient transfer learning for NLP", In K. Chaudhuri and R.uslan Salakhutdinov (ed.): *Proceedings of International Conference on Machine Learning* (ICML), Vol.**97** of *Proceedings of Machine Learning Research* (PMLR), pp.2790–2799 (2019)

26) A. Kannan, A. Datta, T.N. Sainath, E. Weinstein, B. Ramabhadran, Y. Wu, A. Bapna, Z. Chen, and S. Lee ： "Large-Scale Multilingual Speech Recognition with a Streaming End-to-End Model", In *Proceedings of Interspeech*, pp.2130–2134 (2019)

27) E.J. Hu, Y. shen, P. Wallis, Z. Allen-Zhu, Y. Li, S. Wang, L. Wang, and W. Chen ： "LoRA: Low-rank adaptation of large language models", In *Proceedings of International Conference on Learning Representations* (ICLR) (2022)

28) Y. Wang, S. Agarwal, S. Mukherjee, X. Liu, J. Gao, A.H. Awadallah, and J. Gao ： "AdaMix: Mixture-of-adaptations for parameter-efficient model

tuning", In *Proceedings of Conference on Empirical Methods in Natural Language Processing* (EMNLP), pp.5744-5760, Association for Computational Linguistics (2022)

29) X. Li and J. Bilmes："Regularized adaptation of discriminative classifiers", In *Proceedings of IEEE International Conference on Acoustics Speech and Signal Processing Proceedings* (ICASSP), Vol.**1**, pp.I-I (2006)

30) D. Yu, K. Yao, H. Su, G. Li, and F. Seide："Kl-divergence regularized deep neural network adaptation for improved large vocabulary speech recognition", In *Proceedings of IEEE International Conference on Acoustics, Speech and Signal Processing* (ICASSP), pp.7893-7897 (2013)

31) 小野順貴，宮部滋樹，牧野昭二：非同期分散マイクロホンアレイに基づく音響信号処理〈小特集〉マイクロホンアレイの新しい技術展開，日本音響学会誌，**70**，7，p.391-396 (2014)

32) T. Ko, V. Peddinti, D. Povey, M.L. Seltzer, and S. Khudanpur："A study on data augmentation of reverberant speech for robust speech recognition", In *Proceedings of IEEE International Conference on Acoustics, Speech and Signal Processing* (ICASSP), pp.5220-5224 (2017)

〔**3章**〕

33) R. Gribonval, E. Vincent, and C. Fevotte："Performance measurement in blind audio source separation", *IEEE Transactions on Audio Speech and Language Processing*, pp.1462-1469 (2006)

34) D. Wang and J. Chen："Supervised speech separation based on deep learning: An overview", *IEEE/ACM Transactions on Audio, Speech, and Language Processing*, Vol.**26**, No.10, pp.1702-1726 (2018)

35) D. Yu, M. Kolbak, Z.-H. Tan, and J. Jensen："Permutation invariant training of deep models for speaker-independent multi-talker speech separation", In *Proceedings of IEEE International Conference on Acoustics, Speech and Signal Processing* (ICASSP), pp.241-245 (2017)

36) N. Takahashi, S. Parthasaarathy, N. Goswami, and Y. Mitsufuji："Recursive Speech Separation for Unknown Number of Speakers", In *Proceedings of Interspeech*, pp.1348-1352 (2019)

37) H. Tachibana："Towards listening to 10 people simultaneously: An efficient permutation invariant training of audio source separation using sinkhorn's algorithm", In *Proceedings of IEEE International Conference*

on Acoustics, Speech and Signal Processing (ICASSP), pp.491-495 (2021)

38) D. Duttweiler："A twelve-channel digital echo canceler", *IEEE Transactions on Communications*, Vol.**26**, No.5, pp.647-653 (1978)

39) H. Ye and Bo-Xiu Wu："A new double-talk detection algorithm based on the orthogonality theorem", *IEEE Transactions on Communications*, Vol.**39**, No.11, pp.1542-1545 (1991)

40) A.N. Birkett and R.A. Goubran："Acoustic echo cancellation using NLMS-neural network structures", In *Proceedings of IEEE International Conference on Acoustics, Speech, and Signal Processing* (ICASSP), Vol.**5**, pp.3035-3038 (1995)

41) H. Zhang and D. Wang："Deep Learning for Acoustic Echo Cancellation in Noisy and Double-Talk Scenarios", In *Proceedings of Interspeech*, pp.3239-3243 (2018)

42) N. Howard, A. Park, T.Z. Shabestary, A. Gruenstein, and R. Prabhavalkar："A neural acoustic echo canceller optimized using an automatic speech recognizer and large scale synthetic data", In *Proceedings of IEEE International Conference on Acoustics, Speech and Signal Processing* (ICASSP), pp.7128-7132 (2021)

43) D. Lee and H.S. Seung："Algorithms for non-negative matrix factorization", In T. Leen, T. Dietterich, and V. Tresp(ed.): *Proceedings of Advances in Neural Information Processing Systems* (NeurIPS), Vol.**13**. MIT Press, (2000)

44) A.P. Dempster, N.M. Laird, and D.B. Rubin："Maximum likelihood from incomplete data via the EM algorithm", *Journal of the Royal Statistical Society: Series B*, Vol.**39**, pp.1-38 (1977)

45) Y. Luo and N. Mesgarani："Conv-TasNet: Surpassing ideal time-frequency magnitude masking for speech separation", *IEEE/ACM Transactions on Audio Speech and Language Processing*, Vol.**27**, No.8, pp.1256-1266 (2019)

46) C. Subakan, M. Ravanelli, S. Cornell, M. Bronzi, and J. Zhong："Attention is all you need in speech separation", In *Proceedings of IEEE International Conference on Acoustics, Speech and Signal Processing* (ICASSP), pp.21-25 (2021)

47) Y. Luo, Z. Chen, and T. Yoshioka："Dual-path RNN: Efficient long se-

quence modeling for time-domain single-channel speech separation", In *Proceedings of IEEE International Conference on Acoustics, Speech and Signal Processing* (ICASSP), pp.46-50 (2020)

48) B.D. Van Veen and K.M. Buckley："Beamforming: a versatile approach to spatial filtering", *IEEE ASSP Magazine*, Vol.**5**, No.2, pp.4-24 (1988)

49) H. Krim and M. Viberg："Two decades of array signal processing research: the parametric approach", *IEEE Signal Processing Magazine*, Vol.**13**, No.4, pp.67-94 (1996)

50) 浅野太：音のアレイ信号処理—音源の定位・追跡と分離—，コロナ社 (2011)

51) N. Murata, S. Ikeda, and A. Ziehe："An approach to blind source separation based on temporal structure of speech signals", *Neurocomputing*, Vol.**41**, No.1, pp.1-24 (2001)

52) K. Matsuoka："Minimal distortion principle for blind source separation", In *Proceedings of Society of Instrument and Control Engineers Annual Conference* (SICE), Vol.**4**, pp.2138-2143 (2002)

53) A. Hiroe："Solution of permutation problem in frequency domain ICA using multivariate probability density functions", In Justinian Rosca, Deniz Erdogmus, José C. Príncipe, and Simon Haykin (ed.): *Proceedings of Independent Component Analysis and Blind Signal Separation*, pp.601-608, Springer Berlin Heidelberg (2006)

54) T. Kim, T. Eltoft, D. Erdogmus, J.C. Príncipe, and S. Haykin："Independent vector analysis: An extension of ICA to multivariate components", In *Proceedings of Independent Component Analysis and Blind Signal Separation*, pp.165-172, Springer Berlin Heidelberg (2006)

55) M. Yuan and Y. Lin："Model selection and estimation in regression with grouped variables", *Journal of the Royal Statistical Society: Series B* (Statistical Methodology), Vol.**68**, No.1, pp.49-67 (2006)

56) D. Kitamura, N. Ono, H. Sawada, H. Kameoka, and H. Saruwatari："Determined blind source separation unifying independent vector analysis and nonnegative matrix factorization", *IEEE/ACM Transactions on Audio, Speech, and Language Processing*, Vol.**24**, No.9, pp.1626-1641 (2016)

57) N. Ono："Stable and fast update rules for independent vector analysis based on auxiliary function technique", In *Proceedings ofIEEE Workshop on Applications of Signal Processing to Audio and Acoustics* (WASPAA),

pp.189-192 (2011)

58) K. Sekiguchi, A.A. Nugraha, Y. Bando, and K. Yoshii : "Fast multichannel source separation based on jointly diagonalizable spatial covariance matrices", In *Proceedings of European Signal Processing Conference* (EUSIPCO), pp.1-5 (2019)

59) N.Q.K. Duong, E. Vincent, and R. Gribonval : "Under-determined reverberant audio source separation using a full-rank spatial covariance model", *IEEE Transactions on Audio, Speech, and Language Processing*, Vol.**18**, No.7, pp.1830-1840 (2010)

60) H. Sawada, H. Kameoka, S. Araki, and N. Ueda : "Multichannel extensions of non-negative matrix factorization with complex-valued data", *IEEE Transactions on Audio, Speech, and Language Processing*, Vol.**21**, No.5, pp.971-982 (2013)

61) T. Higuchi, N. Ito, T. Yoshioka, and T. Nakatani : "Robust MVDR beamforming using time-frequency masks for online/offline ASR in noise", In *Proceedings of IEEE International Conference on Acoustics, Speech and Signal Processing* (ICASSP), pp.5210-5214 (2016)

62) A.A. Nugraha, A. Liutkus, and E. Vincent : "Multichannel audio source separation with deep neural networks", *IEEE/ACM Transactions on Audio, Speech, and Language Processing*, Vol.**24**, No.9, pp.1652-1664 (2016)

63) Y. Bando, M. Mimura, K. Itoyama, K. Yoshii, and T. Kawahara : "Statistical speech enhancement based on probabilistic integration of variational autoencoder and non-negative matrix factorization", In *Proceedings of IEEE International Conference on Acoustics, Speech and Signal Processing* (ICASSP), pp.716-720 (2018)

64) N. Makishima, S. Mogami, N. Takamune, D. Kitamura, H. Sumino, S. Takamichi, H. Saruwatari, and N. Ono : "Independent deeply learned matrix analysis for determined audio source separation", *IEEE/ACM Transactions on Audio, Speech, and Language Processing*, Vol.**27**, No.10, pp.1601-1615 (2019)

65) K. Sekiguchi, A.A. Nugraha, Y. Bando, and K. Yoshii : "Fast multichannel source separation based on jointly diagonalizable spatial covariance matrices", In *Proceedings of European Signal Processing Conference* (EUSIPCO), pp.1-5 (2019)

66) Y. Bando, K. Sekiguchi, Y. Masuyama, A.A. Nugraha, M. Fontaine, and K. Yoshii : "Neural full-rank spatial covariance analysis for blind source separation", *IEEE Signal Processing Letters*, Vol.**28**, pp.1670–1674 (2021)

67) H. Munakata, Y. Bando, R. Takeda, K. Komatani, and M. Onishi : "Joint separation and localization of moving sound sources based on neural full-rank spatial covariance analysis", *IEEE Signal Processing Letters*, Vol.**30**, pp.384–388 (2023)

68) K. Kinoshita, L. Drude, M. Delcroix, and T. Nakatani : "Listening to each speaker one by one with recurrent selective hearing networks", In *Proceedings of IEEE International Conference on Acoustics, Speech and Signal Processing* (ICASSP), pp.5064–5068 (2018)

69) S. Wisdom, E. Tzinis, H. Erdogan, R.J. Weiss, K. Wilson, and J.R. Hershey : "Unsupervised sound separation using mixture invariant training", In *Proceedings of Annual Conference on Neural Information Processing Systems* (NeurIPS), NIPS'20, Curran Associates Inc. (2020)

70) H. Taherian, K. Tan, and D. Wang : "Multi-channel talker-independent speaker separation through location-based training", *IEEE/ACM Transactions on Audio, Speech, and Language Processing*, Vol.**30**, pp.2791–2800 (2022)

71) S. Cai, Y. Tian, H. Lui, H. Zeng, Y. Wu, and G. Chen : "Dense-unet: a novel multiphoton in vivo cellular image segmentation model based on a convolutional neural network", *Quantitative Imaging in Medicine and Surgery*, Vol.**10**, No.6 (2020)

72) M. Delcroix, J.B. Vazquez, T. Ochiai, K. Kinoshita, Y. Ohishi, and S. Araki : "Soundbeam: Target sound extraction conditioned on sound-class labels and enrollment clues for increased performance and continuous learning", *IEEE/ACM Transactions on Audio, Speech, and Language Processing*, Vol.**31**, pp.121–136 (2023)

73) E. Variani, X. Lei, E. McDermott, I.L. Moreno, and J. Gonzalez-Dominguez : "Deep neural networks for small footprint text-dependent speaker verification", In *Proceedings of International Conference on Acoustics, Speech, and Signal Processing* (ICASSP) (2014)

74) T. Ochiai, M. Delcroix, Y. Koizumi, H. Ito, K. Kinoshita, and S. Araki : "Listen to What You Want: Neural Network-Based Universal Sound Se-

lector", In *Proceedings of Interspeech*, pp.1441–1445 (2020)

75) K. Žmolíková, M. Delcroix, K. Kinoshita, T. Higuchi, A. Ogawa, and T. Nakatani : "Speaker-aware neural network based beamformer for speaker extraction in speech mixtures", In *Proceedings of Interspeech*, pp.2655–2659 (2017)

76) J.H. Lee, H.-S. Choi, and K. Lee : "Audio query-based music source separation", In *Proceedings of International Society for Music Information Retrieval Conference*(ISMIR), pp.878–885 (2019)

77) X. Liu, H. Liu, Q. Kong, X. Mei, J. Zhao, Q. Huang, M.D. Plumbley, and W. Wang : "Separate What You Describe: Language-Queried Audio Source Separation", In *Proceedings of Interspeech*, pp.1801–1805 (2022)

〔**4 章**〕

78) M. Gales and S. Young : "Apprication of Hidden Markov Models in Speech Recognition", Now Publishers Inc. (2008)

79) A. Viterbi : "Error bounds for convolutional codes and an asymptotically optimum decoding algorithm", *IEEE Transactions on Information Theory*, Vol.**13**, No.2, pp.260–269 (1967)

80) L.E. Baum, T. Petrie, G. Soules, and N. Weiss : "A Maximization Technique Occurring in the Statistical Analysis of Probabilistic Functions of Markov Chains", *The Annals of Mathematical Statistics*, Vol.**41**, No.1, pp.164–171 (1970)

81) D. Yu and M.L. Seltzer : "Improved bottleneck features using pretrained deep neural networks", In *Proc. Interspeech 2011*, pp.237–240 (2011)

82) G. Hinton, L. Deng, D. Yu, G.E. Dahl, A.-rahman Mohamed, N. Jaitly, A. Senior, V. Vanhoucke, P. Nguyen, T.N. Sainath, and B. Kingsbury : "Deep neural networks for acoustic modeling in speech recognition: The shared views of four research groups", *IEEE Signal Processing Magazine*, Vol.**29**, No.6, pp.82–97 (2012)

83) F. Jelinek : "Self-organized language modeling for speech recognition", In Alex Waibel and Kai-Fu Lee (ed.): *Readings in Speech Recognition*, pp.450–506, Morgan Kaufmann (1989)

84) M. Mohri, F. Pereira, and M. Riley : "Weighted finite-state transducers in speech recognition", *Computer Speech & Language*, Vol.**16**, No.1, pp.69–88 (2002)

85) P. Gage : "A new algorithm for data compression", *The C Users Journal archive*, Vol.**12**, pp.23–38 (1994)

86) A. Graves, S. Fernandez, F. Gomez, and J. Schmidhuber : "Connectionist temporal classification: Labelling unsegmented sequence data with recurrent neural nets", In *ICML '06: Proceedings of the International Conference on Machine Learning* (2006)

87) A. Graves : "Sequence transduction with recurrent neural networks", In *ICML '12: Proceedings of the International Conference on Machine Learning* (2012)

88) D. Bahdanau, J. Chorowski, D. Serdyuk, P. Brakel, and Y. Bengio : "End-to-end attention-based large vocabulary speech recognition", In *2016 IEEE International Conference on Acoustics, Speech and Signal Processing* (ICASSP), pp.4945–4949 (2016)

89) I. Sutskever, O. Vinyals, and Q.V. Le : "Sequence to sequence learning with neural networks", In Z. Ghahramani, M. Welling, C. Cortes, N. Lawrence, and K.Q. Weinberger (ed.): *Advances in Neural Information Processing Systems*, Vol.**27**. Curran Associates, Inc. (2014)

90) D. Bahdanau, K. Cho, and Y. Bengio : "Neural machine translation by jointly learning to align and translate", In Yoshua Bengio and Yann LeCun (ed.): *3rd International Conference on Learning Representations* (ICLR) (2015)

91) A. Vaswani, N. Shazeer, N. Parmar, J. Uszkoreit, L. Jones, A.N. Gomez, L. ukasz Kaiser, and I. Polosukhin : "Attention is all you need", In I. Guyon, U. Von Luxburg, S. Bengio, H. Wallach, R. Fergus, S. Vishwanathan, and R. Garnett (ed.): *Advances in Neural Information Processing Systems*, Vol.**30**. Curran Associates, Inc. (2017)

92) L. Dong, S. Xu, and B. Xu : "Speech-transformer: A no-recurrence sequence-to-sequence model for speech recognition", In *2018 IEEE International Conference on Acoustics, Speech and Signal Processing* (ICASSP), pp.5884–5888 (2018)

93) A. Gulati, J. Qin, C.-C. Chiu, N. Parmar, Y. Zhang, J. Yu, W. Han, S. Wang, Z. Zhang, Y. Wu, and R. Pang : "Conformer: Convolution-augmented Transformer for Speech Recognition", In *Proceedings Interspeech 2020*, pp.5036–5040 (2020)

94) Y. Lu, Z. Li, D. He, Z. Sun, B. Dong, T. Qin, L. Wang, and T.-Y. Liu："Understanding and Improving Transformer From a Multi-Particle Dynamic System Point of View", *arXiv*, arxiv: 1906.02762 (2019)

95) Y.N. Dauphin, A. Fan, M. Auli, and D. Grangier："Language modeling with gated convolutional networks", In *Proceedings of the 34th International Conference on Machine Learning*, pp.933-941 (2017)

96) Y. Peng, S. Dalmia, I. Lane, and S. Watanabe："Branchformer: Parallel MLP-attention architectures to capture local and global context for speech recognition and understanding", In Kamalika Chaudhuri, Stefanie Jegelka, Le Song, Csaba Szepesvari, Gang Niu, and Sivan Sabato (ed.): *Proceedings of the 39th International Conference on Machine Learning*, Vol.**162** of *Proceedings of Machine Learning Research*(PMLR), pp.17627-17643 (2022)

97) K. Kim, F. Wu, Y. Peng, J. Pan, P. Sridhar, K.J. Han, and S. Watanabe："E-Branchformer: Branchformer with enhanced merging for speech recognition", In *2022 IEEE Spoken Language Technology Workshop* (SLT), pp.84-91 (2023)

98) S. Watanabe, T. Hori, S. Karita, T. Hayashi, J. Nishitoba, Y. Unno, N. Enrique Yalta Soplin, J. Heymann, M. Wiesner, N. Chen, A. Renduchintala, and T. Ochiai："ESPnet: End-to-end speech processing toolkit", In *Proceedings of Interspeech*, pp.2207-2211 (2018)

99) R. Sonobe, S. Takamichi, and H. Saruwatari："JSUT corpus: free large-scale Japanese speech corpus for end-to-end speech synthesis", *arXiv*, arxiv: 1711.0035 (2017)

100) S. Kim, T. Hori, and S. Watanabe："Joint CTC-attention based end-to-end speech recognition using multi-task learning", *2017 IEEE International Conference on Acoustics, Speech and Signal Processing* (ICASSP), pp.4835-4839 (2017)

101) S. Karita, N. Enrique Yalta Soplin, S. Watanabe, M. Delcroix, A. Ogawa, and T. Nakatani："Improving Transformer-Based End-to-End Speech Recognition with Connectionist Temporal Classification and Language Model Integration", In *Proceedings Interspeech 2019*, pp.1408-1412 (2019)

102) S. Watanabe, T. Hori, S. Kim, J.R. Hershey, and T. Hayashi："Hybrid CTC/attention architecture for end-to-end speech recognition",

IEEE Journal of Selected Topics in Signal Processing, Vol.11, No.8, pp.1240-1253 (2017)

103) A. Baevski, Y. Zhou, A. Mohamed, and M. Auli："wav2vec 2.0: A framework for self-supervised learning of speech representations", In H. Larochelle, M. Ranzato, R. Hadsell, M.F. Balcan, and H. Lin (ed.): *Advances in Neural Information Processing Systems*, Vol.**33**, pp.12449-12460, Curran Associates, Inc. (2020)

104) S. Schneider, A. Baevski, R. Collobert, and M. Auli："wav2vec: Unsupervised pre-training for speech recognition", *arXiv*, arXiv: 1904,05862(2019)

105) A. Baevski, S. Schneider, and M. Auli："vq-wav2vec: Self-supervised learning of discrete speech representations", In *8th International Conference on Learning Representations (ICLR 2020)* (2020)

106) A. Conneau, A. Baevski, R. Collobert, A. Mohamed, and M. Auli："Unsupervised Cross-Lingual Representation Learning for Speech Recognition", In *Proceedings Interspeech 2021*, pp.2426-2430 (2021)

107) W.-N. Hsu, B. Bolte, Y.-H.H. Tsai, K. Lakhotia, R. Salakhutdinov, and A. Mohamed："HuBERT: Self-supervised speech representation learning by masked prediction of hidden units", *IEEE/ACM Trans. Audio, Speech and Lang. Proceedings*, Vol.**29**, p.3451-3460 (2021)

108) S. Chen, C. Wang, Z. Chen, Y. Wu, S. Liu, Z. Chen, J. Li, N. Kanda, T. Yoshioka, X. Xiao, J. Wu, L. Zhou, S. Ren, Y. Qian, Y. Qian, J. Wu, M. Zeng, X. Yu, and F. Wei："WavLM: Large-scale self-supervised pre-training for full stack speech processing", *IEEE Journal of Selected Topics in Signal Processing*, Vol.**16**, No.6, pp.1505-1518 (2022)

109) Z. Chi, S. Huang, L. Dong, S. Ma, B. Zheng, S. Singhal, P. Bajaj, X. Song, X.-L. Mao, H. Huang, and F. Wei："XLM-E: Cross-lingual language model pre-training via ELECTRA", In *Proceedings of the 60th Annual Meeting of the Association for Computational Linguistics* (Volume 1: Long Papers), pp.6170-6182 (2022)

110) C. Raffel, N. Shazeer, A. Roberts, K. Lee, S. Narang, M. Matena, Y. Zhou, W. Li, and P.J. Liu："Exploring the limits of transfer learning with a unified text-to-text transformer", *Journal of Machine Learning Research*, Vol.**21**, No.140, pp.1-67 (2020)

111) A. Radford, J.W. Kim, T. Xu, G. Brockman, C. Mcleavey, and I. Sutskever："Robust speech recognition via large-scale weak supervision", In Andreas Krause, Emma Brunskill, Kyunghyun Cho, Barbara Engelhardt, Sivan Sabato, and Jonathan Scarlett (ed.)：*Proceedings of the 40th International Conference on Machine Learning*, Vol. **202** of *Proceedings of Machine Learning Research*(PMLR), pp.28492-28518 (2023)

〔5 章〕

112) T. Ko, V. Peddinti, D. Povey, and S. Khudanpur："Audio augmentation for speech recognition", In *Proceedings Interspeech 2015*, pp.3586-3589 (2015)

113) D.S. Park, W. Chan, Y. Zhang, C.-C. Chiu, B. Zoph, E.D. Cubuk, and Q.V. Le："SpecAugment: A Simple Data Augmentation Method for Automatic Speech Recognition", In *Proceedings Interspeech 2019*, pp.2613-2617 (2019)

114) T.J. Park, N. Kanda, D. Dimitriadis, K.J. Han, S. Watanabe, and S. Narayanan："A review of speaker diarization: Recent advances with deep learning", *Computer Speech & Language*, Vol.**72**, p.101317 (2022)

115) D.A. Reynolds, T.F. Quatieri, and R.B. Dunn："Speaker verification using adapted gaussian mixture models", *Digital Signal Processing*, Vol.**10**, No.1, pp.19-41 (2000)

116) P. Kenny, G. Boulianne, P. Ouellet, and P. Dumouchel："Speaker and session variability in gmm-based speaker verification", *IEEE Transactions on Audio, Speech, and Language Processing*, Vol.**15**, No.4, pp.1448-1460 (2007)

117) N. Dehak, P.J. Kenny, R. Dehak, P. Dumouchel, and P. Ouellet："Front-end factor analysis for speaker verification", *IEEE Transactions on Audio, Speech, and Language Processing*, Vol.**19**, No.4, pp.788-798 (2011)

118) E. Variani, X. Lei, E. McDermott, I.L. Moreno, and J. Gonzalez-Dominguez："Deep neural networks for small footprint text-dependent speaker verification", In *Proceedings of IEEE International Conference on Acoustics, Speech and Signal Processing* (ICASSP), pp.4052-4056 (2014)

119) D. Snyder, D. Garcia-Romero, G. Sell, D. Povey, and S. Khudanpur："X-vectors: Robust DNN embeddings for speaker recognition", In *Proceedings of IEEE International Conference on Acoustics, Speech and Signal*

Processing (ICASSP), pp.5329–5333 (2018)

120) Y. Fujita, N. Kanda, S. Horiguchi, Y. Xue, K. Nagamatsu, and S. Watanabe : "End-to-end neural speaker diarization with self-attention", In *Proceedings of IEEE Automatic Speech Recognition and Understanding Workshop* (ASRU), pp.296–303 (2019)

121) D. Kounades-Bastian, L. Girin, X. Alameda-Pineda, S. Gannot, and R. Horaud : "An EM algorithm for joint source separation and diarisation of multichannel convolutive speech mixtures", In *Proceedings of IEEE International Conference on Acoustics, Speech and Signal Processing* (ICASSP), pp.16–20 (2017)

122) T. von Neumann, K. Kinoshita, M. Delcroix, S. Araki, T. Nakatani, and R. Haeb-Umbach : "All-neural online source separation, counting, and diarization for meeting analysis", In *Proceedings of IEEE International Conference on Acoustics, Speech and Signal Processing* (ICASSP), pp.91–95 (2019)

123) K. Kinoshita, M. Delcroix, S. Araki, and T. Nakatani : "Tackling real noisy reverberant meetings with all-neural source separation, counting, and diarization system", In *Proceedings of IEEE International Conference on Acoustics, Speech and Signal Processing* (ICASSP), pp.381–385 (2020)

124) L.E. Shafey, H. Soltau, and I. Shafran : "Joint Speech Recognition and Speaker Diarization via Sequence Transduction", In *Proceedings of Interspeech*, pp.396–400 (2019)

125) H.H. Mao, S. Li, J. McAuley, and G.W. Cottrell : "Speech Recognition and Multi-Speaker Diarization of Long Conversations", In *Proceedings of Interspeech*, pp.691–695 (2020)

126) N. Kanda, Y. Gaur, X. Wang, Z. Meng, Z. Chen, T. Zhou, and T. Yoshioka : "Joint Speaker Counting, Speech Recognition, and Speaker Identification for Overlapped Speech of any Number of Speakers", In *Proceedings of Interspeech*, pp.36–40 (2020)

127) N. Kanda, Y. Gaur, X. Wang, Z. Meng, and T. Yoshioka : "Serialized Output Training for End-to-End Overlapped Speech Recognition", In *Proceedings of Interspeech*, pp.2797–2801 (2020)

128) C. Li, J. Shi, W. Zhang, A.S. Subramanian, X. Chang, N. Kamo, M. Hira, T. Hayashi, C. Boeddeker, Z. Chen, and S. Watanabe : "Espnet-

se: End-to-end speech enhancement and separation toolkit designed for asr integration", In *2021 IEEE Spoken Language Technology Workshop (SLT)*, pp.785-792 (2021)

129) T. Ochiai, S. Watanabe, T. Hori, J.R. Hershey, and X. Xiao : "Unified architecture for multichannel end-to-end speech recognition with neural beamforming", *IEEE Journal of Selected Topics in Signal Processing*, Vol.11, No.8, pp.1274-1288 (2017)

130) J. Heymann, L. Drude, and R. Haeb-Umbach : "Neural network based spectral mask estimation for acoustic beamforming", In *2016 IEEE International Conference on Acoustics, Speech and Signal Processing (ICASSP)*, pp.196-200 (2016)

131) H. Erdogan, J.R. Hershey, S. Watanabe, M.I. Mandel, and J.L. Roux : "Improved MVDR Beamforming Using Single-Channel Mask Prediction Networks", In *Proceedings Interspeech 2016*, pp.1981-1985 (2016)

132) Y. Masuyama, X. Chang, S. Cornell, S. Watanabe, and N. Ono : "End-to-end integration of speech recognition, dereverberation, beamforming, and self-supervised learning representation", In *2022 IEEE Spoken Language Technology Workshop* (SLT), pp.260-265 (2023)

索　　引

【あ，い，え】

アライメント	135
インパルス応答	33
エコーキャンセラ	60
エポック	49
エンコーダ・デコーダ・セパレータモデル	70

【お】

重み付き有限状態トランスデューサ	147
音響モデル	133
音源分離	3, 61
音声強調	62
音声認識	2

【か】

回帰モデル	17
過学習	21
学習フェーズ	21
学習用データ	21
確率的勾配法	48
確率分布	18
確率モデル	18
隠れマルコフモデル	2, 137
活性化関数	42
カルバックライブラーダイバージェンス	24
関　数	16

【き】

基本周波数	37
教師あり学習	22

教師なし学習	22
凝縮型階層的クラスタリング	196
行列分解	75
局所解	24

【く，け，こ】

空間相関行列	94
クロスエントロピー	47
ケプストラム	40
言語モデル	133
検証用データ	21
誤差逆伝播法	48
コスト関数	22
混合正規分布	2

【さ】

最急降下法	24
最小二乗法	81
最尤推定	24
雑音空間相関行列	103
サンプリング	10

【し】

時間-周波数マスク	73
時間領域処理	67
識別モデル	18
シグモイド関数	43
事後確率	18
自己教師あり学習	177
自己相関行列	81
事前確率	18
自動微分	50
周波数領域 ICA	96

出力確率	138
信号対雑音比	64

【す】

推論フェーズ	21
スコア関数	96
ステアリングベクトル	93
スペクトラルクラスタリング	196
スペクトログラム	32

【せ，そ】

生成モデル	18
遷移確率	138
線形時不変システム	33
相互相関ベクトル	81
ソフトマックス関数	46

【た】

対数メルフィルタバンク特徴量	39
短時間フーリエ変換	32

【ち】

遅延和ビームフォーマ	72, 93
直列化出力	200

【て】

ディープニューラルネットワーク	2, 41
データオーグメンテーション	56
データ拡張	187

【と】

トークン	150
独立成分分析	95
独立低ランク行列分析	99
独立ベクトル分析	98

【は】

パーミュテーション	47
ハイパーパラメータ	25
発音辞書	133
汎 化	20
汎化能力	20

【ひ】

ビームフォーミング	71
非負値行列分解	86
評価用データ	21

標本化	10

【ふ, へ】

ファインチューニング	50
フォルマント	38
ブラインド音源分離	95
分散最小無歪ビームフォーマ	93
分類モデル	17
平均二乗誤差	47

【ま, み】

マルチチャネル	11
ミニバッチ処理	49

【め, も】

メル尺度	40
メル周波数ケプストラム	40

メルフィルタバンク	39
モノラルチャネル	10

【ゆ】

尤 度	134
尤度関数	18

【ら, り】

ラプラス分布	97
離散フーリエ変換	32
量子化	10
両耳間位相差	36
両耳間強度差	36

【わ】

話者エンベディング	195
話者ダイアリゼーション	192

【A】

acoustic model	133
activation function	42
alignment	135
Attention エンコーダ・デコーダモデル	158
attention encoder-decoder model	158

【B】

back-propagation	48
beamforming	71
BIC	196
blind source separation	95
Byte Pair Encoding	150

【C】

cepstrum	40
CNN	44
Conformer	166

connectionist temporal classification	151
ConvTasNet	89
cross entropy	47
CTC	151

【D】

data augmentation	56, 187
DeMask	89
DFT	32
DNN	2, 41
DNN-HMM ハイブリッドシステム	142
double talk	84
DS	72, 93
d-vector	195

【E】

echo canceller	60
EEND	197
EM	87
End-to-End 音声認識	149

End-to-End 構成	197
End-to-End neural diarization	197
epoch	49
ESPNet	169

【F】

FastMNMF	101
fine-tuning	50
fundamental frequency	37

【G】

generative model	18
GMM	2
gradient descent	24

【H】

HMM	2, 137
HuBERT	177
hyper parameter	25

【I】

ICA	95
ideal ratio mask	74
IID	36
ILD	36
ILRMA	99
impulse response	33
IPD	36
IRM	74
IVA	98
i-vector	195

【J, K】

JFA	195
KLD	24

【L】

language model	133
LBT	126
lexicon	133
likelihood	134
likelihood function	18
linear time-invariant system	33
LMS	8, 82
Location-based Training	126
log Mel-filterbank features	39

【M】

matrix factorization	75
maximum likelihood estimation	24
MFCC	40
MixIT	125
Mixture Invariant Training	125
MNMF	102
MOS	65
MSE	47

multi-head attention	163
MVDR	93

【N】

N グラムモデル	145
NLMS	82
NMF	86

【O】

output probability	138
over fitting	21

【P】

PESQ	66
PIT	79
PLDA	196
Positional Encoding	165
posterior probability	18
prior probability	18
pronunciation dictionary	133
PSD	103

【Q, R】

quantization	10
ReLU 関数	43
RLS	82
RNN	45
RNN トランスデューサ	155
RNN transducer	155

【S】

sampling	10
scaled dot-product attention	162
SDR	64
Self-Attention	165
self-supervised learning	177
SepFormer	91
serialized output training	200
SGD	48

SIR	64
SMM	74
SNR	64
softmax function	46
SOT	200
sound source separation	61
speaker diarization	192
speaker embedding	195
SpecAugment	190
spectral magnitude mask	74
spectrogram	32
speech enhancement	62
Speed perturbation	188
STFT	32
STFT 領域処理	68
supervised learning	22

【T】

Target Sound Extraction	127
TDNN	195
time-frequency mask	73
token	150
Transformer	161
transition probability	138
TSE	127

【U】

UBM	195
unsupervised learning	22

【V】

VAE	104
Volume perturbation	188

【W, X】

WavLM	177
wav2vec2.0	177
Whisper	183
x-vector	195

───── 編者・著者略歴 ─────

大淵　康成（おおぶち　やすなり）
1988年　東京大学理学部物理学科卒業
1990年　東京大学大学院理学系研究科修士課程修了（物理学専攻）
1992年　株式会社日立製作所中央研究所勤務
2002年
〜03年　米国カーネギーメロン大学客員研究員（兼務）
2005年
〜10年　早稲田大学客員研究員（兼務）
2006年　博士（情報理工学）（東京大学）
2013年
〜15年　クラリオン株式会社勤務（兼務）
2015年　東京工科大学教授
　　　　現在に至る

武田　龍（たけだ　りゅう）
2006年　京都大学工学部情報学科卒業
2008年　京都大学大学院情報学研究科修士課程
　　　　修了（知能情報学専攻）
2011年　京都大学大学院情報学研究科博士課程
　　　　修了（知能情報学専攻）
　　　　博士（情報学）
2011年　株式会社日立製作所中央研究所勤務
2014年　大阪大学助教
2017年
〜18年　米国カーネギーメロン大学客員研究員
　　　　（兼務）
2018年
〜22年　JST さきがけ「社会デザイン」領域 研
　　　　究者（兼務）
2019年　大阪大学准教授
　　　　現在に至る

高島　遼一（たかしま　りょういち）
2008年　神戸大学工学部情報知能工学科卒業
2010年　神戸大学大学院工学研究科修士課程修
　　　　了（情報知能学専攻）
2011年
〜13年　日本学術振興会特別研究員（DC2）
2013年　神戸大学大学院システム情報学研究科
　　　　博士課程修了（情報科学専攻）
　　　　博士（工学）
2013年　株式会社日立製作所中央研究所勤務
2016年
〜18年　国立研究開発法人情報通信研究機構先進
　　　　的音声技術研究室勤務（出向）
2019年　神戸大学准教授
　　　　現在に至る

音源分離・音声認識
Sound Sourse Separation and Speech Recognition

Ⓒ Obuchi, Takeda, Takashima 2024

2024 年 11 月 1 日 初版第 1 刷発行 ★

検印省略	編 者	大 淵 康 成
	著 者	武 田 龍
		高 島 遼 一
	発行者	株式会社 コロナ社
		代表者 牛来真也
	印刷所	三美印刷株式会社
	製本所	株式会社 グリーン

112-0011 東京都文京区千石 4-46-10
発 行 所 株式会社 コロナ社
CORONA PUBLISHING CO., LTD.
Tokyo Japan
振替 00140-8-14844・電話(03)3941-3131(代)
ホームページ https://www.coronasha.co.jp

ISBN 978-4-339-01379-5 C3355 Printed in Japan (柏原) D

[JCOPY] <出版者著作権管理機構 委託出版物>
本書の無断複製は著作権法上での例外を除き禁じられています。複製される場合は，そのつど事前に，出版者著作権管理機構（電話 03-5244-5088, FAX 03-5244-5089, e-mail: info@jcopy.or.jp）の許諾を得てください。

本書のコピー，スキャン，デジタル化等の無断複製・転載は著作権法上での例外を除き禁じられています。購入者以外の第三者による本書の電子データ化及び電子書籍化は，いかなる場合も認めていません。
落丁・乱丁はお取替えいたします。

音響サイエンスシリーズ

（各巻A5判，欠番は品切，☆はWeb資料あり）

■日本音響学会編

			頁	本体
1.	音色の感性学☆ ―音色・音質の評価と創造―	岩宮眞一郎編著	240	3400円
2.	空間音響学	飯田一博・森本政之編著	176	2400円
3.	聴覚モデル	森周司・香田徹編	248	3400円
4.	音楽はなぜ心に響くのか ―音楽音響学と音楽を解き明かす諸科学―	山田真司・西口磯春編著	232	3200円
6.	コンサートホールの科学 ―形と音のハーモニー―	上野佳奈子編著	214	2900円
7.	音響バブルとソノケミストリー	崔博坤・榎本尚也 原田久志・興津健二編著	242	3400円
8.	聴覚の文法 ―CD-ROM付―	中島祥好・佐々木隆之 上田和夫・G.B.レメイン共著	176	2500円
10.	音場再現	安藤彰男著	224	3100円
11.	視聴覚融合の科学	岩宮眞一郎編著	224	3100円
13.	音と時間	難波精一郎編著	264	3600円
14.	FDTD法で視る音の世界☆	豊田政弘編著	258	4000円
15.	音のピッチ知覚	大串健吾著	222	3000円
16.	低周波音 ―低い音の知られざる世界―	土肥哲也編著	208	2800円
17.	聞くと話すの脳科学	廣谷定男編著	256	3500円
18.	音声言語の自動翻訳 ―コンピュータによる自動翻訳を目指して―	中村哲編著	192	2600円
19.	実験音声科学 ―音声事象の成立過程を探る―	本多清志著	200	2700円
20.	水中生物音響学 ―声で探る行動と生態―	赤松友成 木村里子共著 市川光太郎	192	2600円
21.	こどもの音声	麦谷綾子編著	254	3500円
22.	音声コミュニケーションと障がい者	市川熹・長嶋祐二編著 岡本明・加藤直人 酒向慎司・滝口哲也共著 原大介・幕内充	242	3400円
23.	生体組織の超音波計測	松川真美 山口匡編著 長谷川英之	244	3500円

以下続刊

笛はなぜ鳴るのか　足立整治著
―CD-ROM付―

定価は本体価格＋税です。
定価は変更されることがありますのでご了承下さい。

図書目録進呈◆

音響テクノロジーシリーズ

（各巻A5判，欠番は品切です）

■日本音響学会編

			頁	本体
1.	音のコミュニケーション工学 ―マルチメディア時代の音声・音響技術―	北脇信彦編著	268	3700円
3.	音の福祉工学	伊福部達著	252	3500円
4.	音の評価のための心理学的測定法	難波精一郎 桑野園子共著	238	3500円
7.	音・音場のディジタル処理	山崎芳男 金田豊編著	222	3300円
8.	改訂 環境騒音・建築音響の測定	橘秀樹 矢野博夫共著	198	3000円
9.	新版 アクティブノイズコントロール	西村正治・宇佐川毅 伊勢史郎・梶川嘉延共著	238	3600円
10.	音源の流体音響学 ―CD-ROM付―	吉川茂 和田仁編著	280	4000円
11.	聴覚診断と聴覚補償	舩坂宗太郎著	208	3000円
12.	音環境デザイン	桑野園子編著	260	3600円
14.	音声生成の計算モデルと可視化	鏑木時彦編著	274	4000円
15.	アコースティックイメージング	秋山いわき編著	254	3800円
16.	音のアレイ信号処理 ―音源の定位・追跡と分離―	浅野太著	288	4200円
17.	オーディオトランスデューサ工学 ―マイクロホン、スピーカ、イヤホンの基本と現代技術―	大賀寿郎著	294	4400円
18.	非線形音響 ―基礎と応用―	鎌倉友男編著	286	4200円
19.	頭部伝達関数の基礎と 3次元音響システムへの応用	飯田一博著	254	3800円
20.	音響情報ハイディング技術	鵜木祐史・西村竜一 伊藤彰則・西村明共著 近藤和弘・薗田光太郎	172	2700円
21.	熱音響デバイス	琵琶哲志著	296	4400円
22.	音声分析合成	森勢将雅著	272	4000円
23.	弾性表面波・圧電振動型センサ	近藤淳 工藤すばる共著	230	3500円
24.	機械学習による音声認識	久保陽太郎著	324	4800円
25.	聴覚・発話に関する脳活動観測	今泉敏編著	194	3000円
26.	超音波モータ	中村健太郎 黒澤実共著 青柳学	264	4300円
27.	物理と心理から見る音楽の音響	大田健紘編著	190	3100円

以下続刊

建築におけるスピーチプライバシー ―その評価と音空間設計―	清水寧編著	環境音分析	井本桂右 川口洋平共著 小泉悠馬
聴取実験の基本と実践	栗栖清浩編著	発声の物理	吉永司編著

定価は本体価格+税です。
定価は変更されることがありますのでご了承下さい。

‖‖‖‖‖‖‖‖‖‖‖‖‖‖‖‖‖‖‖‖‖‖ 図書目録進呈◆

音響学講座

（各巻A5判）

■日本音響学会編

	配本順											頁	本体
1.	（1回）	基	礎	音	響	学		安 藤 彰 男編著				256	3500円
2.	（3回）	電	気	音	響			苣 木 禎 史編著				286	3800円
3.	（2回）	建	築	音	響			阪 上 公 博編著				222	3100円
4.	（4回）	騒	音	・	振	動		山 本 貢 平編著				352	4800円
5.	（5回）	聴				覚		古 川 茂 人編著				330	4500円
6.	（7回）	音		声	（上）			滝 口 哲 也編著				324	4400円
7.	（9回）	音		声	（下）			岩 野 公 司編著				208	3100円
8.	（8回）	超		音	波			渡 辺 好 章編著				264	4000円
9.	（10回）	音	楽	音	響			山 田 真 司編著				316	4700円
10.	（6回）	音	響	学	の	展	開	安 藤 彰 男編著				304	4200円

音響入門シリーズ

（各巻A5判，○はCD-ROM付き，☆はWeb資料あり，欠番は品切です）

■日本音響学会編

	配本順						著者	頁	本体
○ A-1	（4回）	音 響 学 入 門					鈴木・赤木・伊藤 佐藤・苣木・中村 共著	256	3200円
○ A-2	（3回）	音 の 物 理					東 山 三樹夫著	208	2800円
○ A-4	（7回）	音 と 生 活					橘・田中・上野 横山・船場 共著	192	2600円
☆ A-5	（9回）	楽 器 の 音					柳 田 益 造編著 髙橋・西口・若槻共著	252	3900円
○ B-1	（1回）	ディジタルフーリエ解析（I） ―基礎編―					城 戸 健 一著	240	3400円
○ B-2	（2回）	ディジタルフーリエ解析（II） ―上級編―					城 戸 健 一著	220	3200円
☆ B-4	（8回）	ディジタル音響信号処理入門					小 澤 賢 司著	158	2300円

（注：Aは音響学にかかわる分野・事象解説の内容，Bは音響学的な方法にかかわる内容です）

定価は本体価格+税です。
定価は変更されることがありますのでご了承下さい。　　　‖‖‖‖‖‖‖‖‖‖‖‖‖‖‖‖‖‖‖‖‖　図書目録進呈◆

メディア学大系

(各巻A5判)

■監修 （五十音順）
相川清明・飯田　仁　（第一期）
相川清明・近藤邦雄　（第二期）
大淵康成・柿本正憲　（第三期）

配本順	書名	著者	頁	本体
1.（13回）	改訂 メディア学入門	柿本・大淵・進藤・三上 共著	210	2700円
2.（8回）	CGとゲームの技術	三上浩司・渡辺大地 共著	208	2600円
3.（18回）	コンテンツクリエーション（改訂版）	三上・近藤・兼松・茂木 共著	204	2700円
4.（4回）	マルチモーダルインタラクション	榎本美香・飯田仁・相川清明 共著	254	3000円
5.（12回）	人とコンピュータの関わり	太田高志 著	238	3000円
6.（7回）	教育メディア	稲葉竹俊・松永信介・飯沼瑞穂 共著	192	2400円
7.（2回）	コミュニティメディア	進藤美希 著	208	2400円
8.（6回）	ICTビジネス	榊俊吾 著	208	2600円
9.（9回）	ミュージックメディア	大山昌彦・伊藤謙一郎・吉岡英樹 共著	240	3000円
10.（15回）	メディアICT（改訂版）	寺澤卓也・藤澤公也 共著	256	2900円
11.（19回）	CGによるシミュレーションと可視化	菊池司・竹島由里子 共著	182	2700円
12.（17回）	CG数理の基礎	柿本正憲 著	210	2900円
13.（10回）	音声音響インタフェース実践	相川清明・大淵康成 共著	224	2900円
14.（14回）	クリエイターのための 映像表現技法	佐々木和郎・羽田久一・森川美幸 共著	256	3300円
15.（11回）	視聴覚メディア	近藤邦雄・相川清明・竹島由里子 共著	224	2800円
16.	メディアのための数学 —数式を通じた現象の記述—	松永信介・相川清明・渡辺大地 共著		
17.（16回）	メディアのための物理 —コンテンツ制作に使える理論と実践—	大淵康成・柿本正憲・椿郁子 共著	240	3200円
18.（20回）	メディアのためのアルゴリズム —並べ替えから深層学習まで—	藤澤公也・寺澤卓也・羽田久一 共著	254	3500円
19.	メディアのためのデータ解析 —Rで学ぶ統計手法—	榎本美香・松永信介・松本俊吉 共著		

定価は本体価格+税です。
定価は変更されることがありますのでご了承下さい。

図書目録進呈◆

メディアテクノロジーシリーズ

（各巻A5判）

■編集委員長　近藤邦雄　　■編集幹事　伊藤貴之
■編集委員　五十嵐悠紀・稲見昌彦・牛尼剛聡・大淵康成・竹島由里子
　　　　　　鳴海拓志・馬場哲晃・日浦慎作・松村誠一郎・三谷　純
　　　　　　三宅陽一郎・宮下芳明（五十音順）

	配本順			頁	本体価格
1.	（1回）	**3DCGの数理と応用** 三谷　純編		256	3900
		高山健志・土橋宜典・向井智彦・藤澤　誠 共著			
2.	（2回）	**音楽情報処理** 後藤真孝編著		240	3600
		北原鉄朗・深山　覚・竹川佳成・吉井和佳 共著			
3.	（3回）	**可視化と科学・文化・社会** 竹島由里子編		240	3800
		伊藤貴之・宮地英生・田中　覚 共著			
4.	（4回）	**ゲームグラフィックス表現技法** 金久保哲也著		200	3000
5.	（5回）	**シリアスゲーム** 藤本　徹編著		236	3600
		池尻良平・福山佑樹・古市昌一・松隈浩之・小野憲史 共著			
6.	（6回）	**デジタルファブリケーションとメディア** 三谷　純編		208	3200
		田中浩也・小山裕己・筧　康明・五十嵐悠紀 共著			
7.	（7回）	**コンピュータビジョン** 日浦慎作編		264	4000
		―デバイス・アルゴリズムとその応用―			
		香川景一郎・小池崇文・久保尋之・延原章平・玉木　徹・皆川卓也 共著			
8.	（8回）	**サウンドデザイン** 松村誠一郎編著		264	4000
		金箱淳一・城　一裕・濱野峻行・古川　聖・丸井淳史・伊藤彰教 共著			
9.	（9回）	**音源分離・音声認識** 大淵康成編		238	3800
		武田　龍・高島遼一 共著			

定価は本体価格＋税です。
定価は変更されることがありますのでご了承下さい。

||||||||||||||||||||||||||||||||||||||||||||||||| 図書目録進呈◆